環境科学

人間と地球の調和をめざして

日本化学会 編

東京化学同人

はしがき

　私たちの日常生活は，化学がつくり出したさまざまな有用な物質によって支えられているが，その反面，これらの物質の中には人の健康や地球環境に好ましくない影響を及ぼすおそれのあるものも少なくない．化学に携わる専門家の集団である日本化学会は，これまで人間と地球の調和をめざしてこのような環境問題に積極的に取組んできたが，活動の一環として大学での新しい環境教育のカリキュラムを提案し，それに沿った2冊の教科書を編むこととなった．

　昨年，まず文系（非理工系）学生向きの教科書として"暮らしと環境科学"が刊行された．これはまた一般の人々，消費者に近い視点で環境問題の過去と現状をながめたもので，一般向けの教養書としても十分役立つものとなった．

　2冊目として刊行される本書は，おもに大学の理工系1，2年生を対象とした教科書である．環境問題の根幹である人口や資源・エネルギーの問題から，人間の寿命と環境のかかわり，環境をどこまでどのようにしてきれいにするかという環境修復・環境管理，さらにリサイクルやゼロエミッションなどまで，前書とは異なった観点から，環境問題へのこれまでの取組みと今後の方向について書かれたものである．

　環境科学は，まだわかっていない部分が多く，若い複合的な応用分野であるから，本書では単なる個別的な知識の集積や，性急・一面的な結論ではなく，いろいろな考え方があることを並列的に提示し，読者自身の科学的・合理的な環境観や柔軟な判断力を育てることをめざしている．このため，各章の題目も実際的な大きな課題を選び，教科書としては異色の問いかけ形式をとることにしたのである．

　当初理工系向きに企画した本書ではあったが，完成してみると，理工系だけでなく文科系の学生や一般の読者にも十分お薦めできる内容になっている．また理工系を志す読者も，環境問題と経済・政策・社会とのつながりをさらによく理解するために，ぜひ上記の姉妹編"暮らしと環境科学"をあわせて読んでいただきたい．

本書が，一般の読者には環境問題を科学的にみる目を養う一助となり，また理工系を志す読者にはこれから取組むべき環境領域での未解明の課題が何かを見いだす手がかりとなれば幸いである．

　終わりに，本書の企画・編集から刊行まで努力された高林ふじ子，高木千織両氏をはじめ東京化学同人の各位に謝意を表したい．

2004 年 2 月

富　永　　健

日本化学会 大学環境教育テキスト編集小委員会

委員長	富　永　　　健	東京大学名誉教授，理学博士
委　員	蟻　川　芳　子	日本女子大学学長・理事長，名誉教授 理学博士
	市　村　禎二郎	東京工業大学大学院理工学研究科 教授， 理学博士
	関　澤　　　純	農業・食品産業技術総合研究機構 　　食品総合研究所 特別研究員
	渡　辺　　　正	東京大学生産技術研究所 教授，工学博士

ワーキンググループ

主査　市村禎二郎
委員　中杉修身　安井　至

執筆者

浦野　紘平	横浜国立大学大学院環境情報研究院 特任教授，工学博士	
蒲生　昌志	産業技術総合研究所安全科学研究部門	
	リスク評価戦略グループ グループ長，工学博士	
北野　　大(まさる)	明治大学理工学部 教授，工学博士	
五箇　公一	国立環境研究所環境リスク研究センター	
	主席研究員，農学博士	
中杉　修身	元上智大学地球環境大学院 教授，工学博士	
藤江　幸一	横浜国立大学大学院環境情報研究院 教授，工学博士	
前田　正史	東京大学理事・副学長，生産技術研究所 教授，工学博士	
松村寛一郎	関西学院大学総合政策学部 准教授，工学博士	
安井　　至	製品評価研究基盤機構 理事長，工学博士	

(五十音順)

目　　次

1章　どのような豊かさを求めるか …………………北野　大…1
1・1　人類とは地球にとって何か …………………………………………1
　1・1・1　環境の破壊と文明の崩壊 …………………………………1
　1・1・2　地球環境改変者としての人類 ……………………………3
1・2　人類はどのように富をつくってきたか ……………………………6
1・3　豊かさとは何か ………………………………………………………9
　1・3・1　基本的人権と人間の欲求 …………………………………9
　1・3・2　物の豊かさを示す指標 ……………………………………11
1・4　どのような豊かさを求めるか ………………………………………17
参考文献 …………………………………………………………………………20

2章　人間はどこまで長生きしたいか …………………蒲生昌志…21
2・1　環境問題と健康がどうかかわってくるか …………………………21
2・2　寿命とは何か …………………………………………………………21
　2・2・1　平均寿命 ……………………………………………………21
　2・2・2　生物学的観点からみた寿命 ………………………………22
　2・2・3　ヒトの寿命を決めるもの …………………………………23
2・3　化学物質によるリスク ………………………………………………28
　2・3・1　基準値の決まり方 …………………………………………29
　2・3・2　化学物質のリスク評価 ……………………………………31
　2・3・3　リスクランキング …………………………………………32
2・4　健康に長生きする ……………………………………………………33
2・5　寿命を延ばすのにかかる費用 ………………………………………35
2・6　人間はどこまで長生きしたいか ……………………………………37
参考文献 …………………………………………………………………………38

3章　人間と生物は共生できるか ………………………五箇公一…40
3・1　生物圏の構成要素：生態系 …………………………………………40
3・2　自然生態系の機能と人間生活 ………………………………………42

3・3　生態系機能を支える生物多様性 ……………………………………44
3・4　生物多様性の創造——進化と絶滅の歴史 …………………………46
3・5　生物多様性の崩壊——現代の大絶滅 ………………………………47
3・6　拡大を続ける熱帯林の破壊 …………………………………………48
3・7　地球規模で生態系を汚染する化学物質 ……………………………51
3・8　地域固有の生物種を脅かす侵入生物 ………………………………53
3・9　わが国の生態系破壊の現状 …………………………………………55
3・10　人間と生物は共生できるか …………………………………………56
参考文献 …………………………………………………………………………57

4章　人口を支える水と食糧は得られるか……………………松村寛一郎…59
4・1　食糧供給と人口の増減 ………………………………………………59
4・2　先進国と途上国の人口動態 …………………………………………60
4・3　人口動態予測 …………………………………………………………60
4・4　地球が養える人口の上限を決めているものは何か ………………62
4・5　地球温暖化の影響 ……………………………………………………64
4・6　人口を支える水と食糧は得られるか ………………………………66
参考文献 …………………………………………………………………………67

5章　どこまできれいな環境が欲しいか ………………………浦野紘平…69
5・1　ヒトの生存が要求するものは何か …………………………………69
5・2　人類は環境に対してどのような負荷をかけてきたか ……………71
5・3　きれいな環境は自然か人工物か ……………………………………75
5・4　きれいな空気とは何か，どうやってつくるか ……………………77
5・5　きれいな水とは何か，どうやってつくるか ………………………80
5・6　どこまできれいな環境が欲しいか …………………………………83
参考文献 …………………………………………………………………………84

6章　環境の負の遺産は修復できるか……………………………中杉修身…86
6・1　人類は環境にどのような負の遺産を残してきたか ………………86
6・2　POPsの汚染はなぜ，地球規模まで広がったか …………………92
6・3　環境の修復にどれだけのコストがかかるか ………………………94
6・4　環境の修復は何をもたらすか ………………………………………96
6・5　環境の負の遺産は修復できるか ……………………………………97
参考文献 ……………………………………………………………………… 101

7章　事業者による自主管理で環境は守られるか　……中杉修身…102
7・1　環境破壊とそれがもたらす被害をどのように防ぐか…………102
7・2　規制によって環境汚染は改善されたか……………………………106
7・3　規制では解決できない問題をどうするか…………………………109
7・4　事業者による自主管理で環境は守られるか………………………113
参考文献………………………………………………………………………117

8章　将来の世代にどこまで地下資源を残しておくか　………前田正史…118
8・1　宇宙資源と地球資源と枯渇性………………………………………118
　8・1・1　宇宙における元素……………………………………………118
　8・1・2　地球上の元素…………………………………………………118
8・2　地下資源とは何か……………………………………………………120
8・3　人間の活動と資源の損耗……………………………………………121
8・4　地下資源はどのようにしてできるか………………………………126
8・5　採掘可能資源量の不思議……………………………………………128
8・6　将来の世代にどこまで地下資源を残しておくか…………………131
参考文献………………………………………………………………………133

9章　リサイクルは地球を救えるか　………………………安井　至…134
9・1　リサイクルの意味は何か……………………………………………134
9・2　日本の事情……………………………………………………………136
9・3　容器包装リサイクル法によるリサイクル時代の幕開け…………138
9・4　さまざまなリサイクルの意味………………………………………140
　9・4・1　資源・エネルギーの節約……………………………………140
　9・4・2　紙のリサイクルの意味………………………………………141
　9・4・3　家電リサイクル法の意味……………………………………144
　9・4・4　容器包装の機能とリサイクル………………………………145
　9・4・5　プラスチックという材料の特殊性とリサイクル…………146
　9・4・6　古き良きリターナブルガラス瓶——共通瓶が鍵…………149
9・5　リサイクルは地球を救えるか………………………………………151
参考文献………………………………………………………………………152

10章　ゼロエミッションは達成できるか　………………藤江幸一…153
10・1　ゼロエミッションとは何か…………………………………………153
　10・1・1　ゼロエミッションとは排出ゼロか………………………153

10・1・2　ゼロエミッションは日本発 …………………………154
10・2　ゼロエミッションの新展開 ……………………………………155
　　10・2・1　工業化社会のゼロエミッション ……………………155
　　10・2・2　ゼロエミッションをめざした取組み ………………157
　　10・2・3　物質循環プロセス構築の方策と手順 ………………159
　　10・2・4　環境インパクト連関を考える ………………………161
10・3　ゼロエミッションは達成できるか ……………………………162
参考文献 ………………………………………………………………………164

11章　地球環境問題は解決できるか …………………中 杉 修 身…165
11・1　地域から地球規模に広がった環境問題 ………………………165
11・2　地球環境問題への取組みの状況 ………………………………170
11・3　グローバル化の波の中での地球環境問題 ……………………175
11・4　将来世代にどのような環境を残すか …………………………179
11・5　地球環境問題は解決できるか …………………………………182
参考文献 ………………………………………………………………………186

あとがき ……………………………………………………………………187
索　　引 ……………………………………………………………………189

1

どのような豊かさを求めるか

　本章では地球の誕生から始まって，人類は地球にとってどのような存在であったのか，そして人類は今後どのように地球と向かいあい，豊かさを求めていくべきかを考えてみる．

1・1　人類とは地球にとって何か
1・1・1　環境の破壊と文明の崩壊
　地球は今から約46億年前，地球軌道付近にあった微惑星の衝突により誕生したと考えられている．原始地球の大気組成は現在の火星や金星と同じように，窒素や二酸化炭素を主としたものと考えられるが，現在の地球大気の組成は表1・1に示すように火星や金星と大きく異なっている．なぜだろうか．

表1・1　地球と金星，火星の大気組成[†]（体積%）

物質名	金星	地球	火星
窒素　N_2	3.4	78	2.7
酸素　O_2	6.9×10^{-3}	21	0.13
水　H_2O	0.14	1〜4	0.03
アルゴン　Ar	1.9×10^{-3}	0.93	1.6
二酸化炭素　CO_2	96	0.04	95
一酸化炭素　CO	4×10^{-5}	1.2×10^{-5}	0.07
表面大気圧〔bar〕	90	1	0.006
大気量〔g〕	5.3×10^{23}	5.3×10^{21}	2.4×10^{19}

[†] 水以外は乾燥空気の組成を示す．
出典："理科年表 平成14年"，国立天文台編，丸善（2001）

　その理由として太陽との距離，そしてさらには生命の発生がある．金星は太陽に近く，表面温度が500℃と高温なため，水圏を形成することが不可能である．一方，火星は太陽から遠く，表面温度も－60℃の氷とドライアイスの世界である．すな

わち，太陽系の中で液体としての水，水圏を有しているのは唯一地球のみである．そしてこの水圏に生物が発生し，光合成により二酸化炭素と水を炭水化物と酸素に変換していった．この酸素から太陽光との反応によりオゾンが生成し，まさにこのオゾンが太陽からの有害な紫外線を遮断し，地上での生物の生存を可能としたわけである．人類（アウストラロピテクスとして）の発生は今から約360万年前であり，地球の誕生から現在までを1日，24時間とすると，人類の発生は23時58分52秒，1日の終わりのわずか1分8秒前である．

さて，人類は地球に寒期が訪れ食糧不足となったことを契機として，それまでの狩猟，採集，漁労という自然界に食糧を求める生活から，みずから食糧をつくり出すこと，すなわち農耕と牧畜を開始した．今から約8000～1万年前のことである．これは自然の生態系とは異なる食物連鎖を人類がつくり出したことになる．**農耕文明**の成立は野生植物の栽培化でもあり，また牧畜は野生動物の飼育化を意味する．この食糧の生産が集落の中での協同作業を推し進め，ある程度気候や気象条件に左右されない安定した生活をもたらし，それが人間による文明の始まりにつながったと考えられる．以下，人類の文明の発達が自然環境に悪影響を与え，文明の崩壊に関与したと思われる例を主としてみていくことにする．

チグリス川およびユーフラテス川流域の洪水多発地帯に発生したシュメール文明では，紀元前3500～3100年に集落数の増大により都市化が進行した．水を利用した小規模な灌漑農業により食糧を得ていたが，紀元前3000年以降，北緯35°より南が乾燥しはじめたため，大規模な灌漑により水を補給し，結果として灌漑用水により土壌中の塩分が土壌表層に蓄積，収穫量が激減した．紀元前2000年ごろ，最後のシュメール王朝が崩壊した．

紀元前2500年ごろから文明が発達したエーゲ海クレタ島では，人口の急増により森林資源が枯渇した．**森林破壊**により土壌が劣化，穀物の収穫量が減少し，土器や青銅器を焼く燃料も不足するようになった．

紀元前1600年ごろ，ギリシャのペロポネソス半島を中心にして発展したミケーネ文明は農耕と牧畜が主であった．文明の発展により人口が増加し，森林破壊を進めた．また青銅器や陶器の製造に多量の薪を用い，さらには多量の家畜が森の若芽を食べつくし，森林破壊がさらに加速された．森林の消滅により表面土壌が流出し，作物の収量が悪化した．紀元前1200年ごろに寒冷化も伴い人口が激減し，逆にこの人口の激減が森林の回復につながった．森林が回復して300年ほどたった紀元前400年ごろから，ドーリア人が住みはじめた．鉄器の時代に入りオリーブ油の需要

東京化学同人 新刊とおすすめの書籍 Vol.17

邦訳10年ぶりの改訂！　大学化学への道案内に最適

アトキンス 一般化学（上・下）
第8版

P. Atkins ほか著／渡辺 正訳
B5判　カラー　定価各 3740 円
上巻：320 ページ　　下巻：328 ページ

"本物の化学力を養う"ための入門教科書

アトキンス氏が完成度を限界まで高めた決定版！大学化学への道案内に最適．高校化学の復習からはじまり，絶妙な全体構成で身近なものや現象にフォーカスしている．明快な図と写真，豊富な例題と復習問題付．

有機化学の基礎とともに生物学的経路への理解が深まる

マクマリー 有機化学
― 生体反応へのアプローチ ―　**第3版**

John McMurry 著
柴﨑正勝・岩澤伸治・大和田智彦・増野匡彦 監訳
B5変型判　カラー　960 ページ　定価 9790 円

生命科学系の諸学科を学ぶ学生に役立つことを目標に書かれた有機化学の教科書最新改訂版．有機化学の基礎概念，基礎知識をきわめて簡明かつ完璧に記述するとともに，研究者が日常研究室内で行っている反応とわれわれの生体内の反応がいかに類似しているかを，多数の実例をあげて明確に説明している．

●一般化学
- 教養の化学：暮らしのサイエンス　　定価 2640 円
- 教養の化学：生命・環境・エネルギー　定価 2970 円
- ブラックマン基礎化学　　　　　　　定価 3080 円
- 理工系のための一般化学　　　　　　定価 2750 円
- スミス基礎化学　　　　　　　　　　定価 2420 円

●物理化学
- きちんと単位を書きましょう：国際単位系(SI)に基づいて　定価 1980 円
- 物理化学入門：基本の考え方を学ぶ　　定価 2530 円
- アトキンス物理化学要論（第7版）　　定価 6490 円
- アトキンス物理化学　上・下（第10版）　上巻定価 6270 円　下巻定価 6380 円

●無機化学
- シュライバー・アトキンス無機化学（第6版）上・下　定価各 7150 円
- 基礎講義 無機化学　　定価 2860 円

●有機化学
- マクマリー有機化学概説（第7版）　定価 5720 円
- マリンス有機化学　上・下　定価各 7260 円
- クライン有機化学　上・下　定価各 6710 円
- ラウドン有機化学　上・下　定価各 7040 円
- ブラウン有機化学　上・下　定価各 6930 円
- 有機合成のための新触媒反応 101　定価 4620 円
- 構造有機化学：基礎から物性へのアプローチまで　定価 5280 円
- スミス基礎有機化学　定価 2640 円

●生化学・細胞生物学
- スミス基礎生化学　　定価 2640 円
- 相分離生物学　　　　定価 3520 円
- ヴォート基礎生化学（第5版）　定価 8360 円
- ミースフェルド生化学　定価 8690 円
- 分子細胞生物学（第9版）　定価 9570 円

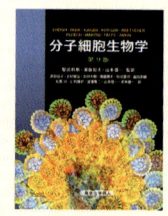

お問い合わせ info@tkd-pbl.com　　定価は 10％税込

が増大したため彼らはオリーブの栽培に力を入れたが，これがまた土壌の劣化をもたらし，南ギリシャではオリーブ以外の栽培ができなくなってしまった．

6世紀ごろ，ヨーロッパでマラリアが流行したが，その原因は森林が消滅し，湿原が増大したことにより，マラリアを媒介する蚊が増えたためと考えられている．14世紀のペストの流行も同様に森林破壊によりネズミを捕らえる小動物が激減したことが一因と考えられている．

イースター島はチリの西3700 kmに位置し，周囲2000 kmにはまったく人の住む島のない孤島である．面積はおよそ120 km^2，小豆島と同じ程度である．人々は住居，生活用具，カヌー，燃料などに用いるため森林を破壊した．さらに人口の増加（最盛期の1550年には約7000人）とモアイ像の運搬に多量の木材を必要とし，森林を破壊しつづけた．これにより土壌流出，栄養塩類の溶出が進行し，島の人口を支える食糧が確保できなくなり，食糧資源をめぐって戦乱状態となり，ついに大量の未完成の石像を残して文明が崩壊した．

このように人類は燃料，木材として森林破壊を続け，結果として表面の肥沃な土壌が流出し，食糧不足に陥り，人口も減少し，文明衰退の一因をつくってきた．

1・1・2 地球環境改変者としての人類

地球上における生命の発生以来，生物は生態系の一員として，大気，水，土壌などの非生物的要因からの影響を受けつつ，また逆に非生物的要因へもはたらきかけを行い，環境を変えてきた．§1・1・1で述べたように，地球は隣接する金星や火星と大きく異なる大気組成をもつが，これはまさに生物としての藻類が光合成によって酸素を発生させたためである．ここでは，現在の人類が環境をどのように変えてきたかについて考えていく．

温暖化

自然に存在する温室効果ガスには水蒸気，二酸化炭素，メタン，一酸化二窒素，オゾンなどがあり，これらの物質の存在により地球表面の平均気温は15℃に保たれている．一方，人為的に発生する温室効果ガスとしては，二酸化炭素，メタン，一酸化二窒素，フロンがある．中でも二酸化炭素はその排出量が膨大であるため，温暖化への寄与度は18世紀後半に始まる全世界の産業革命以降の累積で約64％，近年の日本の場合は94％にも上る．二酸化炭素の大気中濃度は産業革命以前はほぼ一定の水準（約280 ppmv，ppmvは体積比で100万分の1を示す）であったが，

1997年のデータによると363 ppmvまで上昇している．この大部分が人間活動に起因するものである．IPCC（気候変動に関する政府間パネル；Inter-governmental Panel on Climate Change）の報告書によると，地球表面の平均温度は100年間で約0.6℃上昇している（図1・1）．気温の上昇は海水の膨張，極地および高山地の氷の融解をもたらし，海面の上昇につながる．事実，過去100年間に平均で10〜25 cmの海水面の上昇がみられている．

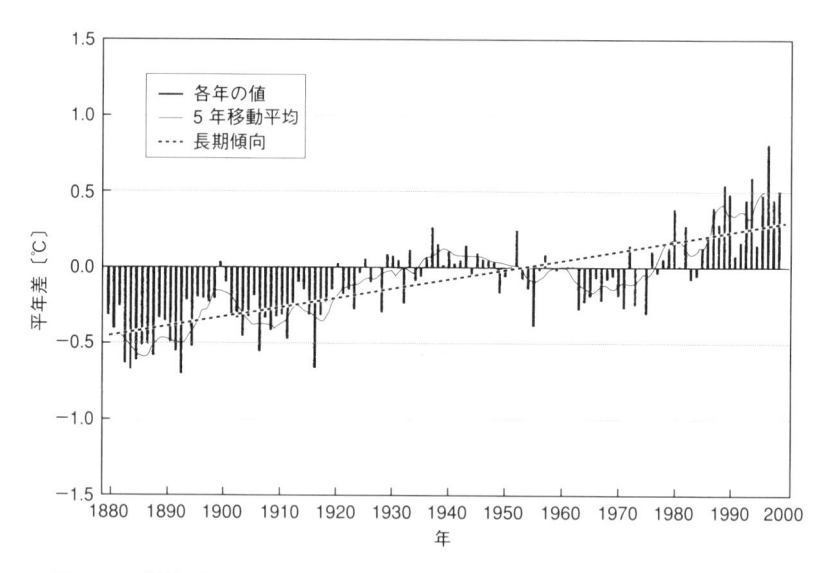

図1・1　世界の年平均地上気温の平年差の経年変化 ["環境白書（平成13年版）" 環境省編, p.122, ぎょうせい (2001)]

もし，2080年代までに海面が40 cm上昇すると，高潮により浸水を受ける人口が全世界で7500万人から2億人程度に増加し，また海面上昇と熱帯低気圧の強大化で数千万人の人々が移住を強いられるという予測もある．

地球の温暖化によって，海面の上昇以外にも自然災害の増加，食糧需給の不均衡，生態系への打撃，人の健康への悪影響などの深刻な影響が予想されている．

森林破壊

人類による森林破壊の歴史は紀元前4〜5世紀から始まる人口の増加，農耕地の拡大，家畜の飼育などが引き金となっている．その後，鉄の精錬も森林破壊にさら

に拍車をかけた．

　現在，森林は世界の陸地（南極とグリーンランドを除く）の4分の1を占めており，1995年の時点ではその面積は3454万km^2である（図3・4参照）．

　地球上の森林は熱帯林を主として減少しつつある．1990～95年の6年間で全世界で56万3000 km^2減少している．問題は，この期間，先進国では8万7800 km^2も増加しており，もっぱら途上国での減少によっていることである．

　熱帯林の減少の原因としては，農地への転用，過放牧，薪炭材の過剰採取，焼畑農耕などがある．熱帯林には地球上に生息している生物の約半分が生息するといわれており，生物多様性の保全，遺伝子資源の保全の面でも重要な役割を果たしてい

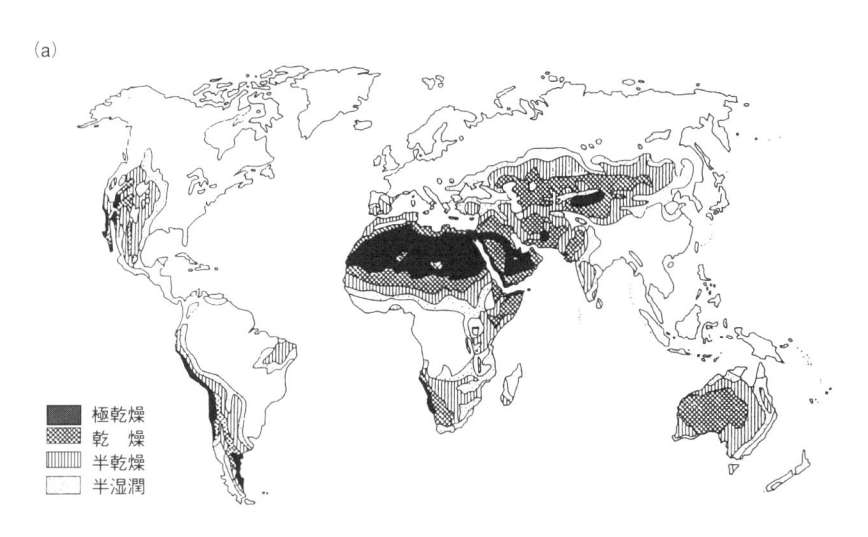

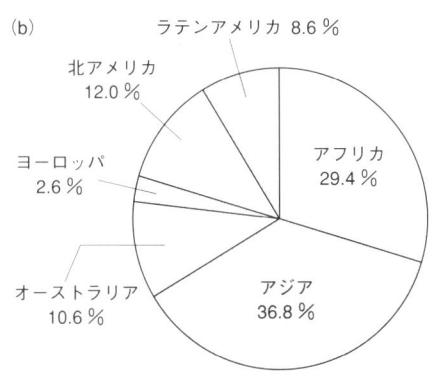

(a)

極乾燥
乾　燥
半乾燥
半湿潤

(b)

ラテンアメリカ 8.6％
北アメリカ 12.0％
ヨーロッパ 2.6％
オーストラリア 10.6％
アジア 36.8％
アフリカ 29.4％

(a) 世界の乾燥地域 [UNESCO (1987) による]，(b) 耕作可能な乾燥地における砂漠化地域の割合（大陸別）[国連環境計画 (1991) による]

図1・2　砂漠化の現状

る．このほか，森林は二酸化炭素の吸収源として，地球の大気環境の保全，安定化にも大きな役割を担っている．

砂漠化

砂漠化には気候的要因と人為的要因がある．気候的要因としては下降気流の発生や水分輸送量の減少による乾燥の進行，また，人為的要因には草地の再生能力を超えた家畜の放牧，休耕期間の短縮等による地力の低下，薪炭材の過剰な採取がある．砂漠化の影響を受けている地域を図1・2に示す．

生物多様性の減少

現在，地球上には未知の種を含めると3000万もの種が存在すると考えられている．このうち確認されているものは175万種であり，昆虫95万種，植物27万種，鳥類10,000種，哺乳類は5000種である．

種の多様性，遺伝子の多様性，生態系の多様性を含めて生物多様性というが，生物多様性は生物にとっての生存の基盤ばかりでなく，遺伝子資源としても，またレクリエーションやスポーツを楽しむ場としての文化的価値もあり，これらの野生生物は人による乱獲，開発，また化学物質などの影響により種が減少している（表1・2）．生物多様性の減少はなんとしても防ぐ必要がある（3章参照）．

1・2 人類はどのように富をつくってきたか

前節では人口の増加とそれに伴う森林破壊が最終的には食糧不足や感染症の大流行につながり，文明崩壊の一因となる過程をみてきた．ここでは産業の発達，特に化学工業の発達が環境面にどのような影響を与えてきたか，考えてみよう．過去においては以下に示すような問題を起こしてきたことは事実であるが，化学のつくり出す物質は技術の3要素の一つとして現代文明を築いてきたし，また現在でも多くの有用な役割を担っていることを忘れてはならない．

8世紀中国で発明されたといわれている黒色火薬がシルクロードを通りヨーロッパへ伝えられたことにより，武器用として鉄の需要が増大した．13世紀ごろは製鉄に木炭を用いており，そのために多くの森林が伐採され，環境破壊が起きた．イギリスでは造船用の木材需要と重なり，森林資源は減少し，一時的に製鉄産業も衰退していった．

1735年にダービー（A. Darby）が石炭を蒸焼きにしてコークスを製造し，木炭

1・2 人類はどのように富をつくってきたか

表 1・2 世界で絶滅のおそれのある種の状況 (2002 年)

分類群	絶滅種	野生絶滅種[†1]	絶滅危惧種[†2]	既知種
動物種				
哺乳類	74	3	1,137 (24%)	4,763
鳥　類	129	3	1,192 (12%)	9,946
爬虫類	21	2	293 (4%)	7,970
両生類	7	0	157 (3%)	4,950
その他	455	25	2,674 (0.2%)	1,215,200
植物種	73	19	5,714 (2%)	265,876

†1 野生絶滅種とは，飼育・栽培下でのみ存続してる種を示す．
†2 括弧内は既知種に対する割合を示す．
出典: IUCN(国際自然保護連合), "2002 IUCN Red List of Threatened Species".

に代わるコークスを用いた製鉄に成功した．この方法はヨーロッパ各地にたちまち広まった．

コークス製造の際に発生するガスが明るく輝いて燃焼することがわかり，1800 年にマードック (W. Murdock) はこれを灯火として利用した (ガス灯)．ここで起きた問題はコークス，ガス以外の生成物であるナフタレン，コールタールなどであった．当時は用途がなく，そのままテームズ川へ流したため，悪臭や水中生物に大きな影響を与えた．このためコールタールの処理，有効な利用法の研究が進められた．1845 年，ホフマン (A. W. von Hofmann) はコールタールを蒸留してベンゼンやトルエンを回収することに成功した．

コールタールの蒸留により得られるベンゼンをニトロ化し，さらに還元することでアニリンが得られる．このアニリンを重クロム酸 (二クロム酸) と硫酸で酸化して赤紫色の染料が開発された (1856 年)．このようにして産業廃棄物であるコールタールを出発原料とする石炭化学が発達した．

1823 年，マスプラット (J. Muspratt) は食塩に硫酸を加えて硫酸ナトリウムをつくり，これに石灰石と石炭を混ぜて炭酸ソーダ (炭酸ナトリウム) をつくる反応を工業化した．

$$2\,NaCl + H_2SO_4 \longrightarrow Na_2SO_4 + 2\,HCl \tag{1}$$

$$Na_2SO_4 + CaCO_3 + 4\,C \longrightarrow Na_2CO_3 + CaS + 4\,CO \tag{2}$$

(1)の反応で生成した塩化水素ガス (HCl) が人体へ被害を与えたほか，鉄製の構

築物をさびさせたり，農作物にも悪い影響を与えた．

1868年，ディーコン（H. Deacon）はこの塩化水素と塩化銅（Ⅱ），または塩化鉄（Ⅲ）を触媒として利用し，塩素を製造することに成功した．ここからさらし粉の製造が可能となり，羊毛や木綿の漂白に利用された．

一方，反応(2)で生成するCaSを含む黒色の汚泥が悪臭をもち，大きな公害問題を起こした．

1909年，ハーバー（F. Haber）は空気中に存在する窒素をコークスと水から製造した水素と反応させ，アンモニアを合成することに成功．このアンモニアを酸化することで，硝酸が容易に製造できるようになった．

1874年，ツァイドラー（O. Zeidler）が卒業実験でDDT（p,p'-ジクロロジフェニルトリクロロエタン）の合成に成功した．約60年後の1938年，ミュラー（P. H. Müller）がDDTに殺虫効力のあることを発見し，ノーベル賞を受賞した．DDTは"奇跡の薬品"とよばれ，感染症を媒介する昆虫や農作物の害虫に絶大な効力を発揮したが，その環境残留性，高度な生物蓄積性および対象とする生物以外の生物への強い毒性のため，現在はほとんどの先進国では使用禁止となった．同様な問題点はPCB（ポリ塩素化ビフェニル），BHC（1,2,3,4,5,6-ヘキサクロロシクロヘキサン；HCHのこと）などの有機塩素化合物にもみられる．

1909年，ベークランド（L. H. Baekeland）は石炭酸（フェノール）とホルムアルデヒドの縮合物に充填剤を加えて，高温，高圧の下で成型硬化させる方法を開発し，ベークライトという商品名で製造，販売した．この後1938年，カロザース（W. H. Carothers）はナイロンを発明し，合成高分子時代を開いた．現在，わが国では年間1400万トンものプラスチックが製造使用されているが，プラスチックのもつ軽くて丈夫で長持ちの性状が逆に廃棄物処理や景観の面で問題を起こしてきているのは周知である．

CFC（クロロフルオロカーボン，フロンともいう）は，これまでに問題となった化学物質と異なり，それ自体は毒性をもたない物質であるが，オゾン層を破壊することがわかり，特定フロンとよばれる分子中に水素原子をもたないフロン類は製造，使用が禁止されている（5章参照）．

以上，化学産業と化学物質の開発の歴史を概観してきた．この中で化学産業が起こした環境問題，化学物質がひき起こした安全性の問題を主としてみてきた．これらの反省の上にたち，現在は規制と自主管理が行われている（7章参照）．

現在，わが国では業として製造，使用されている物質は数万種もあり，また年々

300 程度の物質が新たに届出，承認されている．

従来は，化学物質の有する利便性にのみ注目し，もう一つの面である有害性を考慮してこなかったことが，これまでに述べたような環境安全面での問題の発生であった．化学物質はまさに両刃の剣であることを認識しつつ，その特長を生かした上手な使用の仕方を考えていく必要がある．

1・3 豊かさとは何か

豊かさとは何か．難しい問題である．豊かさをわれわれの欲求に対する満足感と定義してみても，人それぞれ求める欲求も異なり，したがって普遍的な解は見いだせない．本節では，豊かさというものを物の豊かさと，心の豊かさの両面から考えてみよう．

1・3・1 基本的人権と人間の欲求

基本的人権についてまず考えてみよう．これは人間が人間として生まれながらに当然に有する天賦の人権であり，米国の独立宣言やフランスの人権宣言の中でもうたわれており，国家の基本原理としていまや確立している思想である．日本国憲法においてもその第11条で，"国民は，すべての基本的人権の享有を妨げられない．この憲法が国民に保障する基本的人権は，侵すことのできない永久の権利として，現在及び将来の国民に与えられる" と述べられている．

さて，日本国憲法が保障する基本的人権にはどのようなものがあるのか．本章のテーマである物の豊かさ，心の豊かさに主として関係する項目をみてみよう．まず第25条第1項において，国民が "健康で文化的な最低限度の生活を営む権利" を保障している．また第13条においては，"生命，自由及び幸福追求に対する国民の権利" がある．この二つは主として心よりも物の豊かさを追求することを認めたものであり，戦後の復興期には第25条が，バブル経済の時代には第13条が国民の目標として機能していたと考えられる．

さて，心の豊かさを求める人権には何があるか．これらには第19条の思想，良心の自由，第20条の信教の自由，第21条の表現の自由，第23条の学問の自由にみられる精神的自由に関する基本権がある．先に述べた第25条は生存権を意味するが，ここで環境権について考えてみる．現行の日本国憲法にはその規定はない．環境権は生存権の一つの形態であり，それは "よき環境を享受し，かつその環境の改善，向上を求める権利" と定義されている．この思想は環境問題が深刻になりは

表1・3 マズローによる人間の基本的欲求

基本的欲求	内容
生理的欲求	食欲,性欲などの欲求
安全の欲求	安全,安定,依存,保護,恐怖・不安・混乱からの自由,構造・秩序・法・制限を求める欲求
所属と愛の欲求	所属する集団や家族における位置付けにかかわる欲求
承認の欲求	みずからの能力や評判,評価にかかわる欲求
自己実現の欲求	人が潜在的にもっているものを実現しようとする欲求

じめた 1960 年代から強く主張されだした.環境権はプライバシーの権利,知る権利とともに"新しい人権"とよばれるが,第 25 条の生存権とともに第 13 条の幸福追求権とも考えられる.

　マズロー (A. H. Maslow) によると,人間は表 1・3 に示す五つの基本的欲求をもつ.これらの欲求のどの側面を重視するか.これは当然その時代の状況とも関係してくる.日本では,第二次世界大戦後の混乱と物のない時代にあっては当然,生理的欲求がまず求められてきた."物の豊かさ"である.最近,しきりに"物の豊かさ"から"心の豊かさ"へのシフトがいわれる.これはマズローの五段階欲求説に従えば,生理的欲求,安全の欲求がほぼ満たされた状態の中で,人々の欲求がより高次な面へと移ってきていることを示している.すなわち,物のみではなく,物

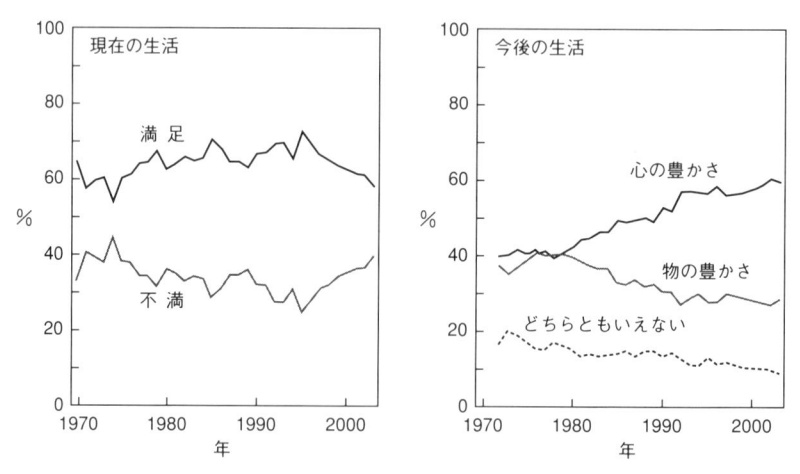

図1・3 現在の生活に対する満足度と今後の生活の力点 [内閣府,"国民生活に関する世論調査(平成 15 年 6 月)"より作成]

と心の豊かさを人々は求めているわけである．

　内閣府が行っている国民生活に関する世論調査（図1・3）によると，1995年には72.7％が現在の生活に満足していると回答があったが，2003年では，58.2％にまで落ちている．逆に不満は24.6％から39.6％にまで上昇している．この満足度の低下はまさに心の豊かさに対するものと判断できるのではないだろうか．なぜならば，"物質的にある程度豊かになったので，これからは心の豊かさや，ゆとりのある生活をすることに重きをおきたい"と考える人の割合が1976年には41.3％であったのに対し，2003年には60.0％と増加している．一方，"まだまだ物質的な面で生活を豊かにすることに重きをおきたい"と考える人は1976年には前者とほぼ同じ40.7％であったが，2003年には28.7％にまで減少している．

　これらのデータから考えても，いまやわが国の人々の求めているものは"心の豊かさ"であることが理解されよう．

　以下，われわれの生活の中での物と心の豊かさについて，種々のデータをもとにみていくことにする．

1・3・2　物の豊かさを示す指標
国内総生産（GDP），国民総生産（GNP）の大きさ

　国としての豊かさを示す指標に国内総生産（GDP；gross domestic product）がある．かつては国民総生産（GNP；gross national product）が用いられてきた．GNPとは一国において，一定の期間に生産された財やサービスの総額を意味するが，経済の国際化に伴いGNPは必ずしもその国の経済の状態を反映するものではなくなってきた．そのため最近はGNPの代わりにGDPが用いられる．GDPは国内で新たに生産された財やサービスの総額を示す指標である．GNPとGDPの相違は，GDPには海外からの送金などが含まれない点である．

　さて，世界の総生産は1973年には15.8兆ドル（1人当たりでは4070ドル）であったが，1998年には31.3兆ドル（1人当たりでは5339ドル）に上昇している．この25年の間に総生産は約2倍，1人当たりでは約1.3倍増加している．一方わが国の1998年のGDPは約5.3兆ドル，世界の総生産の17％を占めている（図1・4）．国土面積比では世界のわずか0.3％，人口比でも2.1％のわが国が，GDPでは世界の17％も占めているのに注目してほしい．また，1人当たりのGDPは経済協力開発機構（OECD；Organization for Economic Co-operation and Development，主として先進国が加盟している国際機関で，米国，カナダ，ドイツ，フランス，英国な

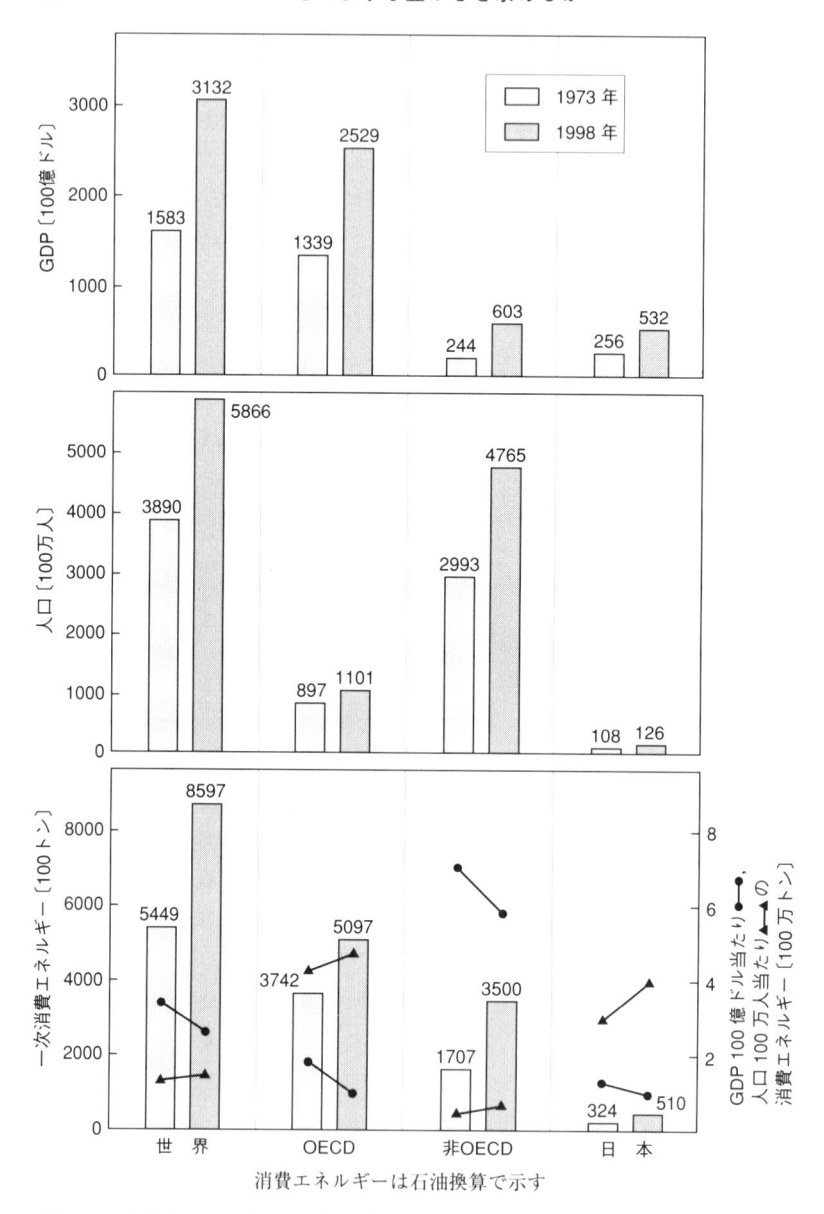

12 　　　　　　　　1. どのような豊かさを求めるか

図1・4　世界のGDP，人口，エネルギー消費の傾向［"EDMC/エネルギー・経済統計要覧（2001年版）"日本エネルギー経済研究所計量分析部編，省エネルギーセンター（2001）より作成］

どのほかにアジアからは日本と韓国が加盟，現在の加盟国は30カ国）加盟時の1964年には加盟国21カ国中17番目であったが，1993年には1位になっている．

エネルギー消費

エネルギーは材料（物質），情報とともに技術の3要素の一つであり，エネルギーの大量使用により人類は寿命を延ばしてきた．事実，エネルギーの利用は人類に豊かな食糧をもたらし，快適な住環境，さらには高度な医療をも与えることになる．また，人類，特に産業革命以降の人類は時間をエネルギーに置き換えてきたといえる．すなわち，大量のエネルギーの投入により，所要時間を短縮してきたわけである．たとえば100kmの距離を移動する場合，徒歩では約25時間，必要とされるカロリーは約3000kcalである．これを自動車で移動するなら，時速100km，燃費を10km/Lとすると，移動のために必要な時間は1時間，必要とするガソリンは10L，90,000kcalとなる．すなわち87,000kcalの追加的なエネルギー投入により24時間の時間を短縮している．このケースでは24時間を87,000kcalというエネルギーに置き換えているわけである．

かつて人類はエネルギー源を地上のエネルギー資源である太陽に依存していた．農耕はもちろんのこと，水車や風車も太陽エネルギーによって回っている．すなわち前者は太陽熱により水を蒸発させ，雨を降らし，水の流れとなり水車が回るわけである．後者は比熱の差により風が生じ風車を回している．また燃料は薪炭をはじめとするバイオマスであった．18世紀の産業革命以降，人類はエネルギー源を化石燃料という地下のエネルギー資源にシフトさせた．これにより大量のエネルギーの獲得が可能となり，今日の文明社会を築くことに成功したが，一方では局地的には大気汚染，全地球的には温暖化という環境問題をもたらした．世界のエネルギー消費量とその内訳をみると，割合としては化石燃料への依存は減少傾向にある．たとえば1971年では全エネルギー消費の97.2％が化石燃料であったが，化石燃料への依存割合はその後減少し，2000年では89.7％，また2010年の見通しでは90.9％と横ばいである．問題はその消費絶対量の増加である．1971年からの40年で約2.4倍も増加することになり，この伸びのほとんどが化石燃料によってカバーされている．

図1・4に示すように，世界全体では1973年から1998年までの間で人口は38億9000万人から58億6600万人と1.51倍増加したが，一次エネルギーの消費は1.58倍と人口の増加を上回る伸びを示している．これを先進国とその他の国にわけて詳

細にみると，先進国の集まりである OECD 諸国はこの 25 年間で人口は 1.23 倍，エネルギー消費は 1.36 倍の上昇であるが，非 OECD 諸国は人口増加が 1.59 倍に対し，エネルギー消費は実に 2.05 倍にもなっている．このように，今後のエネルギー消費の伸びは非 OECD 諸国における人口増加と，さらには彼らの生活レベルの向上により人口増加率を大きく上回るものとなろう．

もう一つ，われわれが注意すべきことは世界におけるエネルギー消費の不均衡である．

図 1・4 に示すように 1998 年の時点で OECD 諸国の国民は非 OECD 諸国の国民の実に 6.3 倍（1 人当たり）ものエネルギーを消費している．この傾向は 1973 年の 7.3 倍よりも小さくなってきてはいるが，あまりにも大きな差といわねばならない．わが国は OECD の加盟国の中では人口当たりのエネルギー消費は小さい方であるが，それでも非 OECD 諸国と比較すると 1998 年で 5.5 倍となっている．

最後に，現在わが国が主として依存している化石燃料自体についても注意を払う必要がある．先に述べたように，化石燃料の大量使用は種々の環境問題をひき起こしているが，化石燃料自体の枯渇性についても考えておく必要がある（8 章参照）．

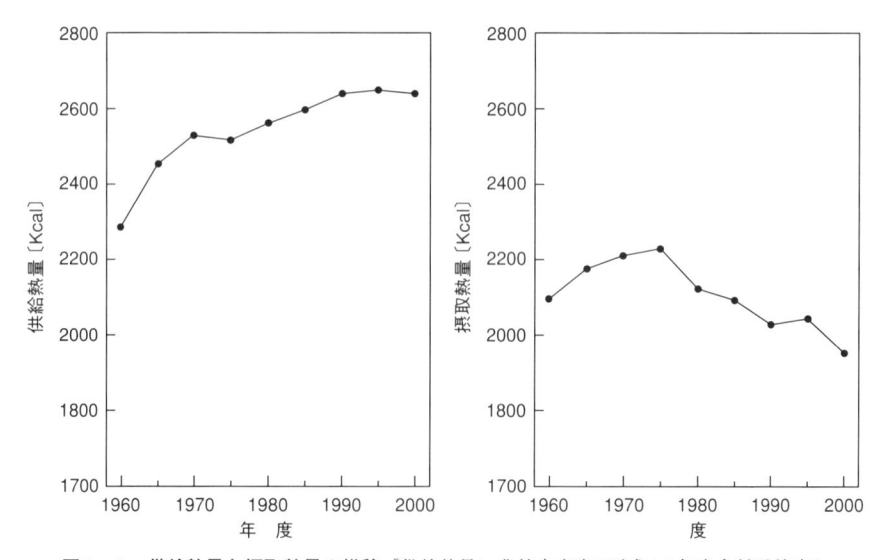

図 1・5　供給熱量と摂取熱量の推移［供給熱量：農林水産省 "平成 14 年度食料需給表"，摂取熱量："国民栄養の現状（平成 13 年厚生労働省国民栄養調査結果）"，健康・栄養情報研究会編，第一出版（2003）より作成］

食の豊かさ

図1・5にわが国の1人1日当たりの供給熱量（廃棄量なども含む）と実際に摂取した熱量の推移を示した．供給熱量については1960年から2000年度にかけ2291 kcalから2642 kcalへと約15％の増加，摂取熱量はほぼ同期間で2096 kcalから1948 kcalへと約7％の減少となっている．2000年の供給熱量が2642 kcalに対し，摂取熱量は1948 kcalとなっており，わが国の食糧消費はほぼ飽和状態にある

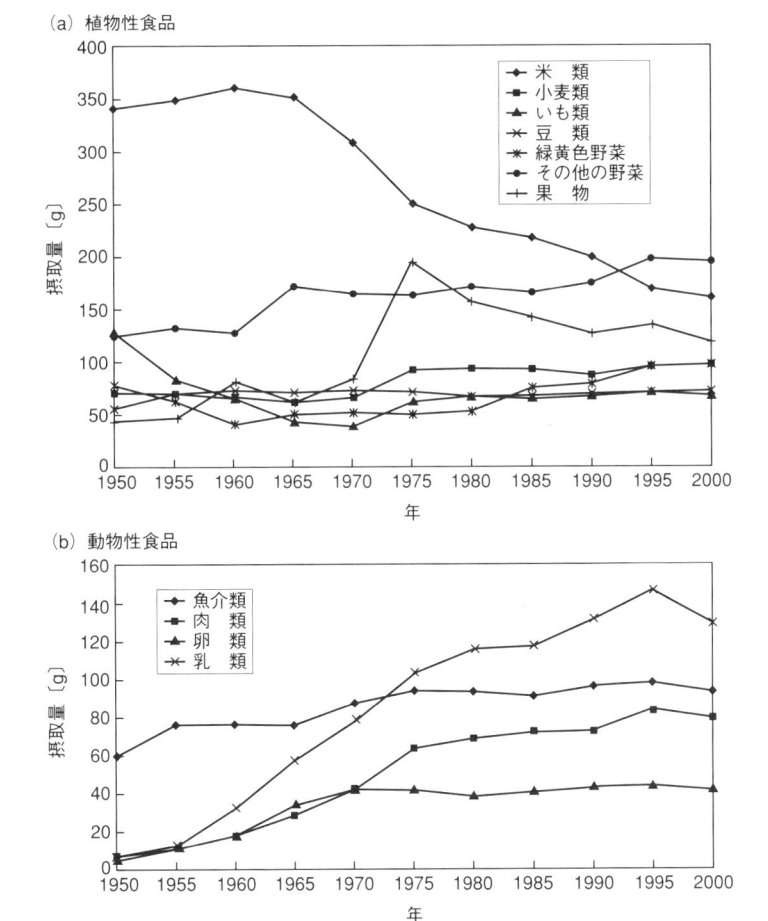

図1・6　食品摂取量の年次推移［"国民栄養の現状（平成13年厚生労働省国民栄養調査結果）"，健康・栄養情報研究会編，第一出版（2003）より作成］

ことがわかる．

また図1・6に示すように，食の内容も植物性食品の摂取は特に米に見られるように大幅に減少し，他の食品は横ばい状態であるが，動物性食品は乳製品，肉類などで大きく摂取量が増加している．栄養学的には問題があるが，国民の食の量と質がいかに豊かになってきているかをこれらの図は示している．

自動車，家庭用電気機器の普及

約20年前の1980年には約2000万台であった自動車が，わが国には現在は約7000万台保有されており，地方都市においては，一家に1台から1人に1台の時代となっている．

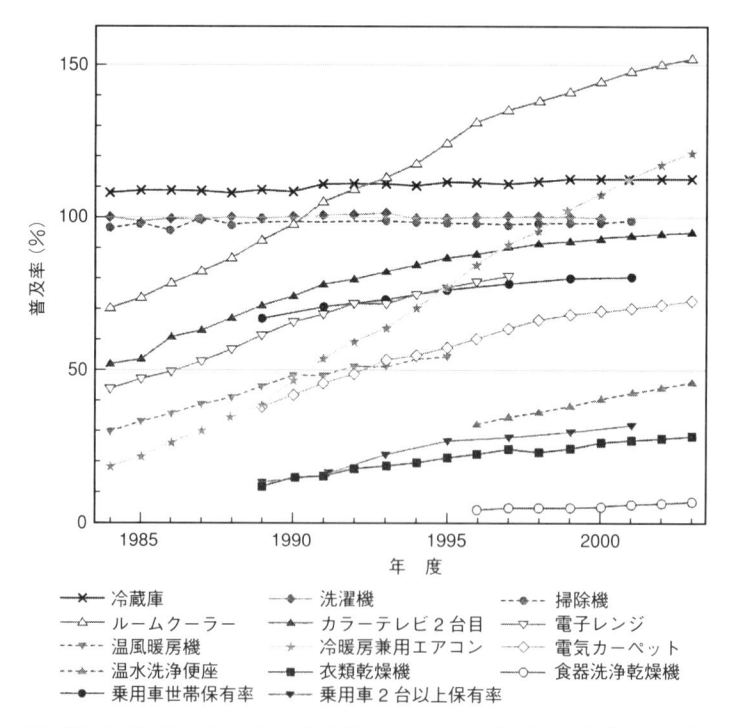

2000年度まで実績，2001年度は推定実績，2002, 3年度は想定．[資源エネルギー庁電力・ガス事業部編"電力需給の概要"，日本自動車工業会"乗用車市場動向調査"より環境省作成，"環境白書（平成15年度版）"環境省編，p.18, ぎょうせい (2003)]

図1・7　家庭用電気機器の普及率

さらに台数の増加とともに乗用車の車体の大型化がある．たとえば，車輌重量の平均値でみると1980年は942kgであるのに対し，2000年では1293kgと37％も重量が増加している．これが種々の環境問題をひき起こしていることは周知のとおりである．

図1・7に家庭用電気機器の普及率を示す．カラーテレビについては平均して一家に2台，言い換えれば，多くの家では各部屋ごとにあるといっても過言でない．家庭用電気機器，たとえばテレビや冷蔵庫などでは，その普及率の増加とともに自動車にみられるような大型化がある．

以上，主として物の豊かさに関係する種々の指標をみてきた．それでは心の豊かさに関係する事項はどうなっているであろうか．ここでは自由時間を一つの指標として取上げてみる．

自 由 時 間

わが国では1997年に週40時間労働時間制が施行され，年間総労働時間は1988年の2111時間から1997年には1900時間へと200時間も減少している．これはとりもなおさず自由時間の増加につながる．

NHK放送文化研究所が調査した国民の1日の時間配分をみると，2000年では自由時間は平日4時間38分，土曜日6時間2分，日曜日7時間14分となっており，1970年の平日3時間36分，土曜日4時間8分，日曜日5時間49分に比べ大きく増加している．本来，この増加は心の豊かさにつながるはずであるが，先に述べたように，逆に不満が増えている．なぜであろうか．食でいえば個食化の面があろう．たとえば3歳以上12歳（小学校6年生）以下の子供たちが誰と一緒に朝食を食べるかを調査した厚生省のデータ（国民栄養調査成績）によると，1982年から1993年のわずか10年間で両親と食べる割合は39.3％から27.7％へと約12％減少，逆に子供のみが22.7％から27.6％へと約5％上昇している．子供たちだけで食べる朝食が30％近くもあるのは，食卓を囲んだ一家団らんにはほど遠いことがわかる．まさに個食，孤食の時代といえる．

1・4 どのような豊かさを求めるか

表1・4に筆者の子供時代（昭和20（1945）年代後半，今から50年ほど前）と現在の筆者の家庭の状況を示す．

物として，この50年間にきわめて豊かに，そして便利になったのがわかる．こ

表 1・4　ある下町の家族の 50 年間の変化

	昭和 20 年代後半	現在（平成 15 年）
家　族	7人（祖母，両親，兄，姉，本人，弟）	4人（本人，妻，息子，娘）
家の広さ	3 K	5 LDK
設　備		
風　呂	なし（銭湯）	内風呂（ガス，自動）
トイレ	くみ取り式	水洗（温水シャワー付き）
冷暖房	火鉢，練炭こたつ，うちわ，湯たんぽ	エアコン（各部屋）
		扇風機（2 台）
水　道	なし（井戸，手くみ）	あり（給湯機能付き）
電　話	なし（呼出し）	あり（ファックス付き）
家電製品		
冷蔵庫	なし	あり（400 L）
調　理	薪，炭，たどん，豆炭	ガス，電気，電子レンジ
洗濯機	なし（たらい）	あり（全自動）
ラジオ	1 台	3 台
テレビ	なし	3 台
パソコン	なし	3 台
その他		
自動車	なし	1 台（エアコン，カーナビ付）
自転車	2 台	3 台

れは筆者の家のみでなく，大方の日本人の家庭にもいえることだろう．筆者の世代の人間はこのような不自由な貧しい時代を知っているからこそ，今の生活がいかに恵まれたものかを実感できる．しかし，多くの若者にとっては今の生活が当たり前であり，そこには格段の有難さも感じないのであろう．

　物と異なり，心の豊かさを示す指標は難しい．個々人により考え方も異なる．たとえば"生きがい"を心の豊かさとすることもできよう．この"生きがい"もまた人により異なる．ある人にとっては仕事に集中できることが"生きがい"であるし，ある人にとっては家族が"生きがい"であるかもしれない．また，"何の心配もないこと"を心の豊かさとすることもできよう．

　人間の欲は限りがない．これまでに物の豊かさが必ずしも心の豊かさを保証するものでないことをみてきた．資源は有限であり，将来世代のことを考えれば，現世代のわれわれが物を求めるあまり資源を枯渇させることは許されない．仏教経済学者の井上信一は"足るを知る"ことの重要性を述べている．すなわち少欲知足であ

る．これまでの More is better から Enough is better への転換である．

さらに井上は幸福感をつぎの式で示している．

$$幸福感 = \frac{財}{欲求}$$

これまでわれわれは欲求より大きな財を得ることで幸福感を享受してきた．しかし，ここで一歩立ち止まり，欲求を小さくしてみることである．これにより今の財でも幸福感が大きくなることがわかる．上を見ればきりがない．下を見てもきりがない．今の生活の中でいかに心の豊かさを築いていくか．不幸にして筆者はその解をもたない．種々のことが人間としての苦につながるのであるなら，考え方を変えるしかあるまい．また，それぞれの苦を事実として受け止めることも必要であろう．

われわれは技術によりあまりにも人工的な環境をつくりすぎたのではないだろうか．どんなコンクリートのしっかりした家でも，そしてエアコンの完璧に効いた部屋の中にいても，何か落ち着かないということはないだろうか．木の家のもつ自然さに会うとなぜか心が落ち着く．これからのライフスタイルとして本物の物の豊かさを追求しようではないか．

食料でいえば冬のトマト，キュウリには何か不自然さを感じる．エネルギー的にも図1・8に示すように，キュウリの場合，ハウスものは露地ものに比べ5倍も余計にかかっている．まさにわれわれは石油を食べているようなものだ．

旬の物を旬の時期に食べる．これが本物ではないか．そのための一つの手段とし

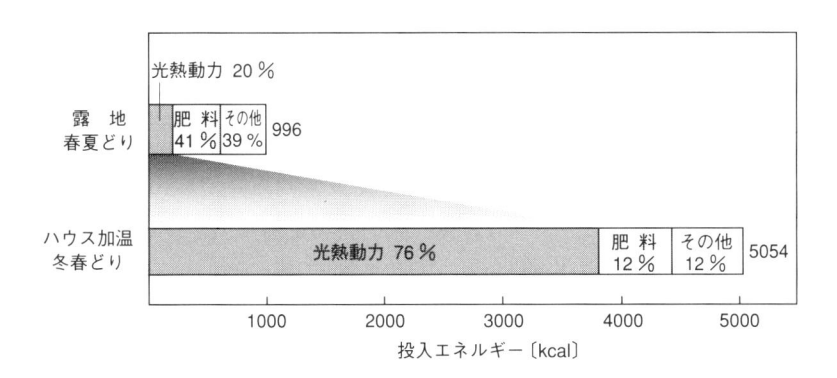

図1・8 キュウリ1kgを生産するのに必要なエネルギー量 ["家庭生活のライフサイクルエネルギー" 資源協会編，あんほるめ（1994）より作成]

て地産地消がある．その土地で採れたものをその土地で消費するという意味だが，これは地球規模での物質循環を考えても必要なことである．価格が安いことが常に善であろうか．もう一度考え直すべきテーマであろう．

　プラスチックは便利だが，やはりプラスチックならではの所に使いたい．木や皮の代わりに使っている例をよくみるが，いかにもちゃちである．これはプラスチックにとっても不幸なことであるし，気の毒でもある．

　これからは物の豊かさも本物で，量よりも質を考える時代ではないだろうか．

　どんなに AV 機器が発達してもコンサートホールでの生の音楽，美術館で見る生の芸術品，運動場で見る生のスポーツの魅力，迫力にはかなわない．テレビやラジオは家に居ながらこれらを楽しめるものであるが，そこには限界がある．

　これからわれわれが求めねばならないものは本物であり，これをもつことにより心も豊かになるのではないだろうか．

　たしかに現在多くの途上国では，心の豊かさ以前の物の豊かさを求めているレベルである．日本人としてある程度物の豊かさを享受してきたからこそ，良い物を長く大切に使い，そして地球資源は，世代内の公平性として途上国の人々にも，世代間の公平性として次世代の人々へも同じように分配されるべきと思うが，いかがであろうか？

参　考　文　献

・"環境白書"環境省編，ぎょうせい．
・小野　周，"地球環境科学　第 21 章　文明と環境"樽谷　修編，朝倉書店 (1995)．
・村田徳治，"化学はなぜ環境を汚染するのか"，環境コミュニケーションズ (2001)．
・井上信一，"地球を救う経済学——仏教からの提案"，すずき出版 (1994)．

[そのほかの参考書]
・加藤三郎，"環境と文明の明日——有限な地球で生きる"，プレジデント (1996)．
・"文明と環境（学振新書 20）"，伊藤俊太郎，安田喜憲編，丸善 (1995)．
・C. ポンティング著，石　弘之ほか訳，"緑の世界史（朝日選書 503）"，朝日新聞社 (1994)．

2

人間はどこまで長生きしたいか

2・1 環境問題と健康がどうかかわってくるか

　環境問題は，地球温暖化，オゾン層破壊，廃棄物，環境汚染物質など，さまざまである．それぞれの問題は，その直接的な原因も，われわれの現在や将来の生活に影を落とす様子も，それぞれ異なっている．しかしながら，個々の問題を別々のものとしてとらえるのは大きな誤りである．資源やエネルギー，資金といったものが限られているという現実において，一つの問題にだけ目を奪われると，他の問題を拡大することになりかねない．たとえば，廃棄物問題に不可欠なリサイクルにしても，ものによってはエネルギー効率が悪く，温暖化問題からみれば具合の悪いこともある．とはいえ，いろいろな問題をいろいろなまま考えることは難しい．要点を集約して（つまり何かを"軸"にして）考えれば，いろいろな問題を相対化してとらえることができる．

　このような軸として"健康"を取上げることは不当ではあるまい．健康とは，日本国憲法第25条"すべて国民は，健康で文化的な最低限度の生活を営む権利を有する"にもみられるように，基本的な権利として保障されるべきものである．多くの環境問題は，直接的にせよ間接的にせよ，健康に対する害悪をもたらす側面をもち，一方で，環境問題の源である人間活動は，そもそも生活を豊かにするためのものであるから，健康の増進という観点でとらえることも可能であろう．本章では，健康を軸にして環境問題を考えるための具体的な道具として，"寿命"という物差しについて解説する．

2・2 寿命とは何か
2・2・1 平 均 寿 命

　厚生労働省の平成14年（2002年）簡易生命表によれば，日本人の**平均寿命**は，2002年現在男性78.32年，女性85.23年であり，世界一の水準にある．平均寿命は，

生命表（年齢別の死亡率が表になったもの）によって計算される．これは，"我が国の死亡状況が今後変化しないと仮定したときに，各年齢の者が1年以内に死亡する確率や平均してあと何年生きられるかという期待値などを死亡率や平均余命などの指標によって表したものである（平成14年簡易生命表より）"．

たとえば，同じ年に生まれた架空の10万人の集団を考えてみる．0歳の死亡率をq_0（$0 \leq q_0 \leq 1$）とすると，1歳になる人数は10万人×$(1-q_0)$である．同様に，1歳での死亡率をq_1とすると，2歳になる人数は，$\{10万人×(1-q_0)\}×(1-q_1)$となる．ちなみに，年齢ごとの死亡率（q_0やq_1）は，国勢調査等の調査に基づいて，各年齢での人口と死亡件数から求められる．この計算を繰返すと，実在する年齢の上限の年齢あたりで最終的に人数がゼロになる．計算された年齢ごとの人数を全部の年齢で足し合わせると，この集団が享受できた生存期間の"延べ年数"（単位は人年）を知ることができる．これを最初の10万人で割り算することによって，平均の生存年数，すなわち平均寿命が得られるのである．かりにこのような計算を生存曲線の50歳以上の部分に対して適用すれば，50歳の人についての生存年数の期待値を計算することができる．これは，50歳時の平均余命とよばれる．平均寿命は，"現実の我が国の年齢構造には左右されず，死亡状況のみを表している．（中略）0歳の平均余命である'平均寿命'は，我が国の死亡状況を集約したものとなっており，保健福祉水準を総合的に示す指標として広く活用されている（平成14年簡易生命表より）"．

注意すべきは，平均寿命は，あくまでも集団としての平均の寿命であって，ある個人が何年生きるかを予測するものではないことである．また，生物学的な観点からみたヒトの最大生存年数とも違う．それは**最大寿命**や**限界寿命**とよばれ，これまでの記録から120歳くらいだと考えられている．

2・2・2　生物学的観点からみた寿命

ヒトは誰でも年とともに老いて死に至る．"自然な老化"と"老化に伴う疾病"との線引きは難しいが，遺伝子情報の解明や分子生物学の急速な発展によって，それらの機構はしだいに解明されてきており，現実の医療や治療にも応用されつつある．実際，この分野は，高齢化社会を迎えた時代の要請と，生命科学的な興味から，いま最もホットな研究領域の一つだといってもよい．具体的な内容については，あまりに膨大になるので，むしろ専門の図書（章末には，あまり高度に学術的ではなく，比較的新しい知見が記載された参考図書を挙げておいた）を参照してほしい．

ここでは，老化や寿命というものの生物学的な意義について，最近有力なとらえ方の一つを紹介するにとどめる．

ヒトに限らず，すべての生物は，その形態や生活史を長い年月の進化のプロセスの結果として獲得してきたことには，ほぼ異論はあるまい．では，寿命や老化も，その生存のために最適なものとして（つまり，積極的に意味のあるものとして）獲得されてきたのだろうか？ 進化論をベースにした最近の考え方によれば，寿命や老化が積極的にプログラムされたというよりも，むしろ，種としての生存の観点から，有限の寿命や老化を拒む理由がなかったというのである．

老化および最終的な死は，直接的には，DNA 自体やタンパク質合成系でのエラーの蓄積，生体組織の劣化，生体内の有限な資源の枯渇といったものによって起きると考えられるが，それらを補償するための機構をもつためには，たとえば繁殖能力が低くなるなど，生物学的にコストがかかる．一方，自然界においては，天敵の存在や食料難などの厳しい環境のため，野生生物のほとんどの個体は，いわゆる老化が起きるような高齢まで生き残ることはきわめてまれである．したがって，概して早死にな自然界の生物（原初のヒトも含む）にとって，進化の方向は，若い時期に資源を振り向けて子孫を残せる確率を最大にすることであり，高齢での生存や健康の維持といったものはほとんど顧みられなかったと考えるべきなのである．

現在の日本人の平均寿命は，女性において，閉経後 30 年ほどもある．これは，いまだどんな生物も経験したことのない状況である．高齢での生存や健康（とりわけ脳の働きによる精神活動）について，それらを保証する生物学的機構が備わっていないことに不安を感じるか，逆に，それらを否定するような機構も存在しないだろうことに医療や健康法の可能性を見いだすかは，人それぞれであろう．また，老化や寿命を，自然で当然のものと考えるか，克服すべきある種の疾病ととらえるのか，このあたりも，文化的背景や科学的知見の蓄積などに依存して，議論の尽きないところである．

2・2・3 ヒトの寿命を決めるもの
歴史的な変遷

多くの哺乳類では最大寿命が大人の個体の脳重量や体重に関係があるとする考え方がある．それを人類の祖先に適用すると，アウストラロピテクスなどで 60 年前後，ネアンデルタール人あたりからは現代人とほぼ同じくらいだという．

一方，平均寿命については，近年になるまでかなり短い．青銅器・鉄器時代のヒ

トの寿命は18年ほどだったと推定されている．2000年前のローマ時代では22年，その後18世紀くらいまでは30年ほどであった．日本においては，縄文人についての推定として15年（ただし，これは乳幼児の死亡率の高さのためで，10歳になった者の平均余命は21年だという），江戸時代においては25～45年ほどらしい．明治の中期から，公式の官製生命表が作成されるようになり，平均寿命の推定はかなり確かなものになる．明治初期から第二次世界大戦直後くらいまでは40～50年ほどであった．その後順調に延びて，2002年では，男性の平均寿命は78.32年，女性では，85.23年に到達している（表2・1）．さらに将来のことでいうと，2050年には日本人の平均寿命が90歳を超えるという推定もある．

表2・1　平均余命の経年変化† 〔年〕

年次	男			女		
	0歳	40歳	80歳	0歳	40歳	80歳
1947	50.06	26.88	4.62	53.96	30.39	5.09
1950	58.0	29.4	—	61.5	32.7	—
1955	63.60	30.85	5.25	67.75	34.34	6.12
1960	65.32	31.02	4.91	70.19	34.90	5.88
1965	67.74	31.73	4.81	72.92	35.91	5.80
1970	69.31	32.68	5.26	74.66	37.01	6.27
1975	71.73	34.41	5.70	76.89	38.76	6.76
1980	73.35	35.52	6.08	78.76	40.23	7.33
1985	74.78	36.63	6.51	80.48	41.72	8.07
1990	75.92	37.58	6.88	81.90	43.00	8.72
1995	76.38	37.96	7.13	82.85	43.91	9.47
2000	77.72	39.13	7.96	84.60	45.52	10.60
2002	78.32	39.64	8.25	85.23	46.12	11.02

† 1971年以前は沖縄を除く値である．
出典：厚生労働省，"平成14年簡易生命表"参考資料2より改編．

近年の日本や欧米における著しい平均寿命の延長は，特に乳幼児の死亡率の改善が寄与しているが，肺炎，結核，赤痢といった感染症が十分にコントロールされるようになったことも大きい．また，脳卒中の減少も一役買っている．しばしば，これらの疾病とそれに伴う死亡の減少は，抗生物質などの医薬品の開発や，健康診断の普及のおかげだと思われがちだが，むしろ栄養状態や衛生水準の改善こそが重要であったと考える人も少なくない．

国による違い

世界保健機関（WHO：World Health Organization）が集計した世界の国や地域での平均寿命（表2・2，2002年の推定値）によれば，上位25カ国ぐらいまでに位置している多くの先進国は，男性で75年，女性で80年を超える平均寿命を有している．米国の平均寿命が，男性で33位（74.6年），女性で30位（79.8年）と意外に振るわないのは，米国人のライフスタイルが健康的でないことを表しているのかもしれない．一方，下位20カ国ほどの多くはアフリカの国であり，45年を下回るような平均寿命である．平均寿命を大きく引き下げる要因としては，貧困による劣悪な栄養状態や衛生状態，内乱や戦争などの政情不安，エイズ（AIDS）を始めとする感染症のまん延などが挙げられる．世界各国の平均寿命は，その国の1人当た

表2・2 世界の国や地域の平均寿命[†]（2002年の推定値）

	上位20カ国				下位20カ国			
	男 性		女 性			男 性		女 性	
順位	国 名	平均寿命	国 名	平均寿命	順位	国 名	平均寿命	国 名	平均寿命
1	アイスランド	78.4	日 本	85.3	173	マ リ	43.9	タンザニア	47.5
2	日 本	78.4	モナコ	84.5	174	コートジボワール	43.1	ルワンダ	46.8
3	スウェーデン	78.0	サンマリノ	84.0	175	ソマリア	43.0	コンゴ	46.1
4	オーストラリア	77.9	アンドラ	83.7	176	ニジェール	42.6	マ リ	45.7
5	モナコ	77.8	フランス	83.5	177	中央アフリカ	42.1	ソマリア	45.7
6	スイス	77.7	スイス	83.3	178	アフガニスタン	41.9	モザンビーク	43.9
7	シンガポール	77.4	オーストラリア	83.0	179	ルワンダ	41.9	中央アフリカ	43.7
8	イスラエル	77.3	スペイン	83.0	180	モザンビーク	41.2	リベリア	43.7
9	カナダ	77.2	スウェーデン	82.6	181	コンゴ	41.0	アフガニスタン	43.4
10	サンマリノ	77.2	イタリア	82.5	182	ブルキナファソ	40.6	ブルンジ	43.0
11	アンドラ	76.8	カナダ	82.3	183	ボツワナ	40.2	ニジェール	42.7
12	イタリア	76.8	オーストリア	82.2	184	リベリア	40.1	ブルキナファソ	42.6
13	ニュージーランド	76.6	アイスランド	81.8	185	マラウイ	39.8	アンゴラ	42.0
14	オーストリア	76.4	ルクセンブルク	81.7	186	ザンビア	39.1	ボツワナ	40.6
15	ノルウェー	76.4	ノルウェー	81.7	187	ブルンジ	38.7	マラウイ	40.6
16	スペイン	76.1	シンガポール	81.7	188	アンゴラ	37.9	スワジランド	40.4
17	オランダ	76.0	ドイツ	81.6	189	ジンバブエ	37.7	ザンビア	40.2
18	フランス	75.9	ベルギー	81.5	190	スワジランド	36.9	レソト	38.2
19	マルタ	75.9	フィンランド	81.5	191	レソト	32.9	ジンバブエ	38.0
20	ギリシャ	75.8	イスラエル	81.4	192	シエラレオネ	32.4	シエラレオネ	35.7

[†] 各国の公式の統計とは一致しない場合もある．
出典：WHO，"The World Health Report 2003"，Annex Table 1 より改編．

りの GDP と明らかな相関がある（図 2・1）．医療費や教育費，栄養摂取などの社会指標と平均寿命とを比較しても同様の関係がみられる．ただし，そういった指標は相互に関連しており，"平和で豊か" ということをさまざまな側面からみているにすぎない．

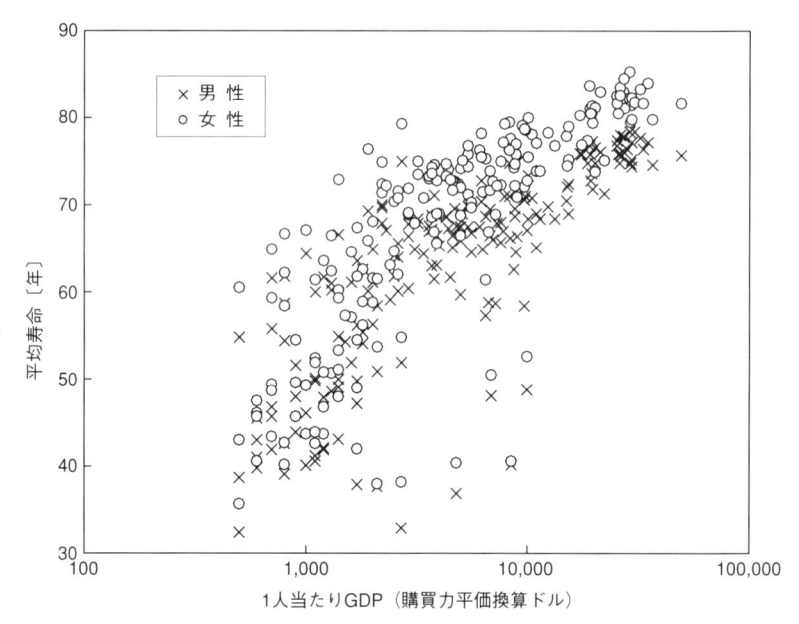

平均寿命は WHO, "The World Health Report 2003, Annex Table 1" による 2002 年での推定値．1 人当たり GDP は，CIA（米国中央情報局），"The World Factbook 2003" による．おもに 2002 年の値だが，一部に数年古いデータを含む．

図 2・1　平均寿命と GDP の関係

さまざまな死因

　厚生労働省から毎年出されている**人口動態統計**は，出生，死亡，結婚，離婚といった人口の動態に関する統計である．その中で，死亡に関するものは，性別，年齢別，死因別等の死亡数や死亡率などが記載されていて興味深い．2002 年のデータによれば，死因の上位 4 位までは男女共通で，1）悪性新生物（いわゆるがん），2）心疾患，3）脳血管疾患，4）肺炎であり，全体の死亡数の約 69％を占める．以下には順不同で，不慮の事故，自殺，肝疾患，腎不全，糖尿病といった死因が並ぶ．この構成は，年齢階層によって大きく異なっている．乳児（0 歳）では，上位

4位の死因は，1) 先天奇形，変形および染色体異常，2) 呼吸障害および心血管障害，3) 乳幼児突然死症候群，4) 不慮の事故である．その後，35歳くらいまでは，不慮の事故や自殺が死因の上位にくる．さらに年を重ねると，悪性新生物，心疾患，脳血管疾患といった死因が上位に位置するようになる．

上位4位の死因について死亡率の経年変化を図2・2 (a) に示した．脳血管疾患を除き，増加傾向にある．(ただし，1995年以降の心疾患の減少は，1995年1月から施行された死亡診断書に記された"死亡の原因欄には，疾患の終末期の状態としての心不全，呼吸不全等は書かないで下さい"という注意書きのためだと考えられている．また，同時期から，脳血管疾患が増加傾向に転じたようにみえるのは，同じく1995年1月から死因選択ルールが明確化されたためだと考えられている．) 特に悪性新生物の増加が気になるが，そのような増加をもたらすリスク因子とはいったい何だろうか？ 実は，有害化学物質の増加のせいでもなく，ライフスタイルの悪化のせいでもない．あえて言えば"高齢化"のせいである．平均寿命が延びるとともに，当然高齢者の数（人口に占める割合も）が増える．その結果，高齢者に起

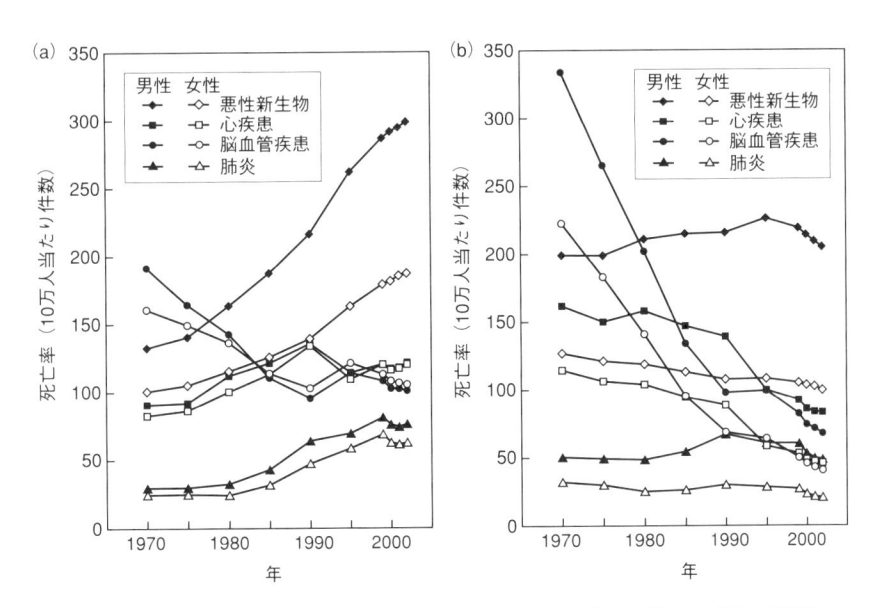

(a) 主要な死因による死亡率の経年変化，(b) 年齢別人口構成で調整済み［厚生労働省，"平成14年 人口動態統計年報"，第12表，第13表より作成］
図2・2 死亡率の経年変化

こりやすい疾患が見掛け上増加しているのである．図2・2（b）は，年齢構成を，1985年の人口にそろえて計算し直した死亡率である．脳血管疾患による死亡率の減少が著しいが，その他の死因も減少傾向か，せいぜい横ばいである．さまざまな死因をコントロールして長生きできるようになったために，結果として，皆が恐れるがんで死ぬ人が増えているという皮肉な状況なのである．

かりに，主要な疾病を撲滅することができれば，人の寿命はどのくらい延びるだろうか．表2・3には主要な死因についての推定値を示した．全死亡数の約30％を占める悪性新生物を撲滅しても男性では4.11年，女性では3.04年しか寿命が延びないことは，意外かもしれない．これは，悪性新生物による死亡は高齢者に多く起きるので，かりにその死因で死ぬことを回避しても，別の死因で死ぬ確率が比較的高いためである．ちなみに，悪性新生物，心疾患，脳血管疾患という三大死因をセットで撲滅したとしたら，合計で，男性で8.81年，女性で7.96年の寿命延長だと推定されている．

表2・3　主要な死因を取除いたときの平均寿命の延び〔年〕

おもな死因	男性	女性
悪性新生物	4.11	3.04
心疾患	1.58	1.71
脳血管疾患	1.22	1.45
肺炎	0.88	0.82
不慮の事故	0.72	0.39
（交通事故	0.31	0.13）
自殺	0.73	0.31
腎不全	0.15	0.18
肝疾患	0.25	0.12
糖尿病	0.13	0.12
高血圧性疾患	0.04	0.06
結核	0.03	0.01

出典：厚生労働省，"平成14年簡易生命表"参考資料3より改編．

2・3　化学物質によるリスク

さまざまな環境問題の中で，健康に対する脅威としての関心が最も高いのは，環境汚染物質の問題ではないだろうか．歴史的にみれば，有機水銀化合物による水俣病，カドミウムによるイタイイタイ病，工場からの大気汚染物質による四日市ぜん

そくなどの公害で数多くの人が犠牲になった．もちろん，その後多くの規制や対策が実施されたため，現在ではかつての公害のような状況が生じる可能性は限りなく小さい．とはいえ，人々の環境汚染物質に対する不安はけっして小さいものではない．ダイオキシン類，環境ホルモン（内分泌撹乱化学物質），残留農薬といった話題がニュースや新聞をにぎわせたことは記憶に新しい．

2・3・1 基準値の決まり方

健康影響が懸念される化学物質については，健康に有害な影響が生じることのないように，食品中の残留基準や，水道水質基準，環境基準など，いろいろな基準が設定されている．ただし"健康影響が懸念される化学物質"と"懸念されない化学物質"とがあるわけではない．すべての化学物質は，日ごろ食品として摂取しているものでさえ，有害な影響が生じるかどうかは摂取量によって決まるというのが，毒性学の基本である．

発がん性をもたない物質（非発がん物質）については，基準値を決める場合の基本的な考え方は，つぎのようなものである．

❶ まず，有害影響が生じないような摂取量を決める．このような摂取量のことをしきい値（あるいは，閾値）とよび，動物実験（動物にさまざまな量の化学物質を与えて，物質の量と影響の大きさの関係を調べる）や疫学調査（化学物質の摂取が多い集団と少ない集団とを比較して，有害な影響の有無を調べる）に基づいて求められる．これらの実験や調査において，有害な影響がみられなかった最大の摂取量のことを **NOAEL**（No Observed Adverse Effect Level: 無毒性量）とよぶ．

❷ 多くの場合，上記のNOAELをそのまま基準値として用いることはしない．情報が不完全である可能性などに配慮して，安全率を考慮する．つまり，求められたNOAELの値を，適当な係数で割り算することによって，安全が確保できる目安を得るのである．この目安のことを **ADI**（Acceptable Daily Intake；許容1日摂取量）や **TDI**（Tolerable Daily Intake；耐容1日摂取量）とよぶ．これらは実質的に同じものであるが，ADIが農薬や食品添加物など意図して用いられている物質に使われるのに対して，TDIはダイオキシン類など非意図的に摂取する物質に使われるのが一般的である．割り算のための係数は，**安全係数**または**不確実性係数**とよばれていて，たとえば，動物実験の結果を用いてヒト

での影響を考察するとき，老人や子供といった弱い人たちについての十分な情報がないとき，実験や調査に何らかの不備がみられるときなど，状況に応じて10から1000くらいの値が用いられる．

❸ 最後に，摂取量がADIやTDIを超えないよう，食品や飲料水の中の基準濃度が決められる．

一方，発がん物質については，代表的な作用機序（DNAに損傷を与える）に基づいて，ほんの少しでも摂取すれば，わずかではあるが発がんの確率が増加する（つまりしきい値がない）と考えるのが一般的である．確率の増加は，"その物質を一生涯ずっと摂取し続けたとして一生涯の間にその物質のせいで発がんする確率"として，10^{-5}（10万人に1人）のように記される．物質の発がん性の強さを表す数値（**発がんポテンシー**，**スロープファクター**，**ユニットリスク**などとよばれる）を，摂取量に掛け算して計算される．単純な掛け算なので，同じ物質でも2倍の摂取量なら，あるいは，同じ摂取量でも2倍の発がんポテンシーの物質なら，発がん確率の増加は2倍になる．発がんポテンシーの値は，米国環境保護庁（U.S. EPA）などで，動物実験や疫学調査の結果に基づいて決められているが，リスクの大きさを過小評価することのないように，大きめの値として算出することになっている．

ところで，わずかの摂取でも発がんの確率が増加するなら，どうやって基準値を決めるのか疑問に思う人もいるだろう．しばしば用いられる考え方の一つは，"発がん確率の増加が10^{-5}（10万人に1人）くらいならば，それは無視できるものとする"というものである．そのような無視できる程度の発がん確率の増加をもたらす摂取量は，**実質安全量**（VSD: Virtually Safe Dose）とよばれており，ADIやTDIと同等に用いられる．大気汚染物質のベンゼンや，水道水中のトリハロメタン類はこのようにして基準が決まっている．

ある物質がそもそも発がん性であるかどうかの判断は，国際がん研究機関（IARC），米国環境保護庁，米国毒性プログラム（NTP），米国産業衛生専門家会議（ACGIH），日本産業衛生学会などによって，動物実験や疫学調査の結果など，証拠の確からしさに基づいて行われている．ちなみに，最近では，ある種の発がん物質は必ずしもDNAに損傷を与えるわけではないことがわかってきた．そのような物質では，非発がん物質と同様に，しきい値の存在を前提にした方法で基準値が決められることになる．

2・3・2 化学物質のリスク評価

　世の中にある何千何万という化学物質を上手に利用していくためには，基準値を決めないまでも，それぞれの化学物質が有害な影響をもたらす危険性がどのくらいなのかを評価することが重要である．これを，化学物質の**リスク評価**とよぶ．

　一般的に用いられている方法は，すでに述べた基準値の決め方の応用である．まず，対象となる物質について，実際の測定やコンピューターシミュレーションによって，大気や水，食品から摂取する量を見積もる．非発がん物質の場合には，つぎに，見積もられた摂取量を，ADIやTDIと比較する．摂取量÷ADI（これを**ハザード比**とよぶ）が1を超えるかどうかで，リスクがありそうかどうかを判断する．一方，発がん物質の場合には，前節で述べた発がん確率の増加自体がリスクの大きさとしてとらえられる．

　注意すべき点は，非発がん物質の評価では，リスクがありそうかどうかを判断するだけであり，かりにハザード比が1を超えたとしたらどのくらい重大なことなのか，1を超えなければまったく問題ないのかといった問いには答えられない．また，非発がん物質と発がん物質とでは評価の方法が全然異なるので，それらを相互に比較することはできない点も大きな問題である．

　この章の最初で，環境問題ではさまざまな要素のバランスをとって考えることが重要だと書いた．化学物質のリスク評価の分野では，しばしば"リスクトレードオフ"の視点が重要だといわれる．**リスクトレードオフ**とは，あるリスクを減らそうとして他のリスクが発生したり増加したりすることである．たとえば，水道水の塩素処理は細菌感染を防ぐためには不可欠だが，原水の水質によっては，発がん性をもつトリハロメタン類が高濃度で生成する．また，クロルデンという有機塩素系のシロアリ防除剤が，1980年代に，難分解性，蓄積性，発がん性の懸念から禁止された．その際，クロルデンの代わりに用いられたクロルピリホスなどの有機リン系殺虫剤によって，今度は神経毒性のリスクが発生した．クロルピリホスによるリスクが大きかったことは，最近シロアリ防除剤としての使用が禁止されたことからも明らかであり，典型的なリスクトレードオフの事例だといえる．

　化学物質のリスクについても"長生きする"という観点からの総合的な評価はできないものだろうか．必ずしも一般に普及してはいないが，可能性はある．疫学調査によって化学物質による有害な健康影響を調べるとき，最もよく用いられる指標の一つは（死因別）死亡率である．それは，死亡というものは，死亡診断書という共通の書式に基づいて正確な記録が残されるからである．そこで，化学物質の影響

としての死亡率の上昇を知ることができれば，生命表を用いて，化学物質の影響がある場合の寿命とない場合の寿命を計算し，その差をリスクの大きさと考えることができる．これによって，化学物質同士のみならず，他のリスク因子ともリスクを比較できるようになる．

2・3・3 リスクランキング

さまざまなリスクを比較したり順位付けたりする試みは古くから行われてきた．たとえば，ウィルソン（R. Wilson）が1979年に示した，死亡する確率を100万分の1高める行為のリスト[1]などは古典的な例である．そこでは，人工／天然の化学物質，事故，放射線などの要因に関連して，日常の行動，たとえば，喫煙1.4本，自転車で16 km移動，炭火焼きステーキを100枚食べる，といったことが挙げら

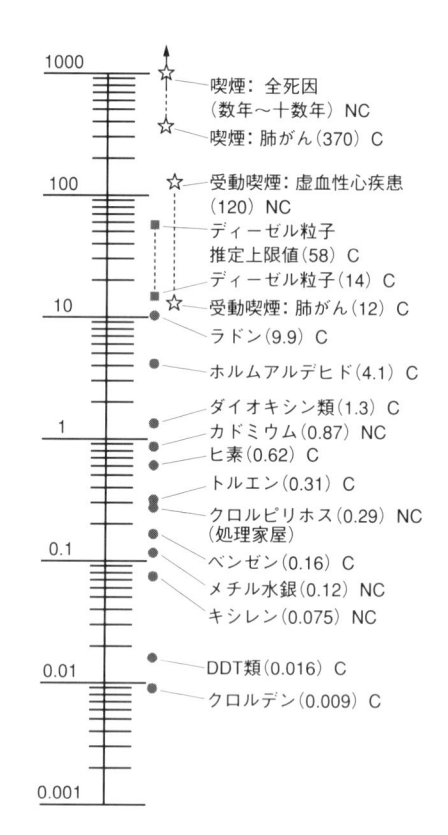

日本人における平均的な状況についての評価．目盛，括弧内の数字は損失余命（単位：日），C: 発がんリスク，NC: 非発がんリスクを表す．[M. Gamo, T. Oka, J. Nakanishi, 'Ranking the Risks of Twelve Major Environmental Pollutants That Occur in Japan', *Chemosphere*, 53, 277～284（2003）をもとに喫煙に関する推定を加えて作成]

図2・3 日本における主要な環境汚染物質のリスクランキング

れている．また，化学物質の変異原性試験として有名なエイムス法を開発したエイムス（B. N. Ames）たちは，さまざまな化学物質（人工/天然問わず）の発がん性のランキングを作成し，食品中に含まれる天然の発がん物質がけっしてリスクが低いわけではないことを示した[2]．余命の損失や寿命の短縮といった指標を用いたものとして，コーエン（B. L. Cohen）は身のまわりのさまざまな事象のリスクとともに大気汚染物質や農薬によるリスクを比較した[3]．また，筆者たちが日本における環境汚染物質（＋喫煙）について評価した例もある（図2・3）．このような**リスクランキング**は，個々のリスクの推定値に伴う不確実性がそろっていないとか，あるいは，リスクの性質が異なっているといった理由のために，その解釈には注意が必要である場合も少なくないが，リスクの大きさを相対的な視点でとらえるセンスを養うのに有益である．

2・4 健康に長生きする

平均寿命の延びとともに，人々の関心は単に"長生き"というよりも"健康に長生き"に移ってきた．健康の程度を測る物差しは，生活の質（**QOL**；Quality of Life，生命の質と訳されることもある）とよばれ，健康に関連するさまざまな施策（当然，医療行為も含む）の効果を評価するのに使われるようになってきた．

QOLは，健康状態の程度をスコアとして表すのが一般的だが，さまざまなタイプのものがある．その中で，"長生き"の程度と組合わせて用いるのに都合がいいのは，死亡状態＝0，良い健康状態＝1として，さまざまな健康状態をその間に位置づけるようなタイプのものである．たとえば，ある疾病を患っている状態が0.7のQOLと推定されたら，その疾病を患って10年過ごすことは，良い健康状態で7年過ごすのと同じだと考えるのである．このように，QOLが低下した分を割り引いて計算された生存年数のことを，**QALY**（Quality Adjusted Life Years；生活の質で調整した生存年数）とよぶ．

ある健康状態のQOLを決定するためには，つぎのような質問をして答えを集計する方法がとられる．いずれの質問もなかなか答えにくい．

時間トレードオフ法　「疾病Aの状態で余命が30年だと考えてください．ある治療により完治しますが，代わりに余命が短くなります．何年までなら短くなるのを許容できますか？」

標準ギャンブル法　「疾病Bの状態にあると考えてください．ある治療により

完治しますが，副作用のため，ある確率で死亡します．許容できる確率はいくつまでですか？」

QOL の利用には問題点もある．たとえば，上記のような質問に基づくため，あまり微細な健康影響を測るのが困難であり，自覚症状のないような健康影響は測れない．また，良い健康状態＝1 とする場合の"良い健康状態"の定義があいまいである．人は誰でも，特に高齢者なら，何らかの持病があったりするものである．そのような普通の状態が 1 なのか，あるいは，完全無欠な健康状態が 1 なのか，必ずしも明確ではない．最近では，完全無欠な健康への強迫観念に取りつかれているような風潮があるが，完全無欠な健康を 1 として QALY で評価することは，悪い健

表2・4 世界の国や地域の健康寿命と寿命に占める不健康年数の割合 （2002年の推定値）

順位	男性			女性		
	国名	健康寿命〔年〕	不健康年数の割合(%)	国名	健康寿命〔年〕	不健康年数の割合(%)
	上位10カ国			上位10カ国		
1	日 本	72.3	7.8	日 本	77.7	8.8
2	アイスランド	72.1	8.1	サンマリノ	75.9	9.6
3	スウェーデン	71.9	7.9	スペイン	75.3	9.3
4	スイス	71.1	8.5	スイス	75.3	9.7
5	オーストラリア	70.9	9.0	モナコ	75.2	11.0
6	サンマリノ	70.9	8.2	スウェーデン	74.8	9.5
7	イタリア	70.7	7.8	イタリア	74.7	9.5
8	モナコ	70.7	9.1	フランス	74.7	10.6
9	イスラエル	70.5	8.9	アンドラ	74.6	10.8
10	ノルウェー	70.4	7.8	オーストラリア	74.3	10.4
	下位10カ国			下位10カ国		
183	マラウイ	35.0	12.1	アフガニスタン	35.8	17.7
184	ブルキナファソ	34.9	13.9	ボツワナ	35.4	12.9
185	ザンビア	34.8	11.0	ニジェール	35.2	17.5
186	ジンバブエ	33.8	10.4	スワジランド	35.2	12.9
187	リベリア	33.6	16.1	アンゴラ	35.1	16.4
188	ブルンジ	33.4	13.7	ザンビア	35.0	13.1
189	スワジランド	33.2	10.1	マラウイ	34.8	14.3
190	アンゴラ	31.6	16.6	ジンバブエ	33.3	12.3
191	レソト	29.6	10.1	レソト	33.2	13.1
192	シエラレオネ	27.2	15.9	シエラレオエネ	29.9	16.2

出典： WHO, "The World Health Report 2003", Annex Table 4 より改編．

康状態の生命の価値を相対的に軽く扱うことを意味している．その点において，QOLを用いた評価には，障害者や障害をもつ高齢者への差別意識が内在しているという批判もある．ただし，寿命を物差しにすることも，余命が相対的に短い高齢者の命を軽視していることになっている．このように，リスク評価の物差しには，意識的/無意識的に，価値観が反映されてしまうことを忘れてはいけない．

表2・4は，WHOが，世界各国の健康寿命を評価したもの（2002年の推定値）である．**健康寿命**というのは，平均寿命をもとに，何らかの疾病や障害を伴って過ごす生存年数を割り引いて算出されている．この方法は，世界中でどのような疾病がどのくらいの重大さで存在するのかを測るのに用いられている **DALY**（Disability Adjusted Life Years；障害で調整した生存年数）という指標と関連している．表の下位に位置する国々では，もともと平均寿命が短いうえ，疾病や障害の程度や期間も長いために，健康寿命の観点では，上位に位置する国々との格差はさらに大きくなっている．

2・5 寿命を延ばすのにかかる費用

それでは，"健康に長生きする"ためにはリスクランキングの上位にあるものからリスク削減対策を取るべきだろうか？ 必ずしもそうではない．リスクによっては，減らしやすいものと減らしにくいものがあるからだ．リスクトレードオフの問題に加え，あるリスクを取除くのに大きな費用がかかる場合や，あるリスクを取除くことによってそれに伴っていた便益が失われてしまう場合などには，リスク削減対策をとることはためらわれる．

リスク削減対策の直接的な費用や，便益の喪失を集計することによって，リスクを1単位減らすのにいくらかかるかを求めることができる．"安上がり"なリスク削減対策から実行していけば，限られた費用で最大のリスク削減が期待できる．このようなアプローチのための評価を**リスク便益分析**（経済学的には費用効果分析の一種）とよぶ．図2・4は，命を救う効果のあるさまざまな施策（医療行為，疾病の予防，事故などを防ぐ安全対策，環境汚染物質対策など）を，1年の余命を救うのにかかった費用という観点から整理したものである．米国での事例と日本での事例を比較しているが，分布の形は似ている．施策によってかえってもうけが出るものから，1年の余命を救うために10兆円かかるものまで幅が広い．平均的な単価は100万円から1000万円くらいである．日米共通の傾向としては，医療のように直接的に救命するものは比較的安く，環境汚染物質対策のようなものは高価である

2. 人間はどこまで長生きしたいか

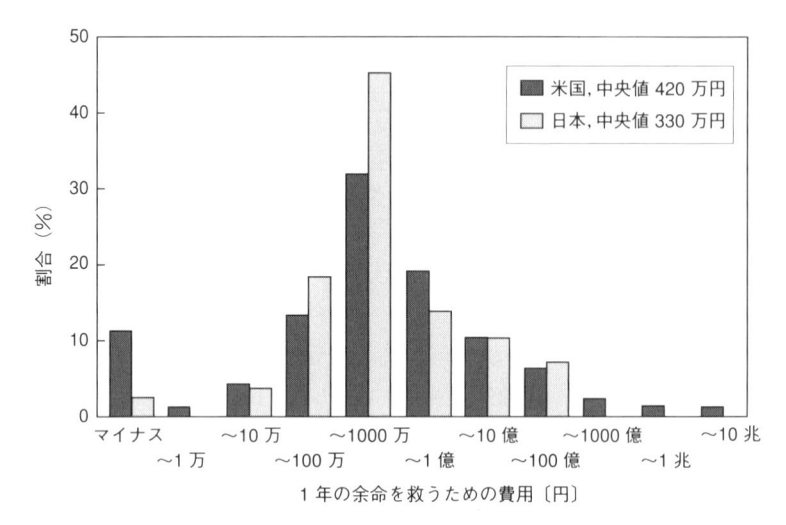

凡例:
- 米国, 中央値 420 万円
- 日本, 中央値 330 万円

横軸: 1年の余命を救うための費用〔円〕（マイナス, ～1万, ～10万, ～100万, ～1000万, ～1億, ～10億, ～100億, ～1000億, ～1兆, ～10兆）
縦軸: 割合（%）

米国の事例: 587件〔T. O. Tengs, M. E. Adamas, J. S. Pliskin, D. G. Safran, J. E. Siegel, M. C. Weinstein, J. D. Graham, 'Five-Hundred Life-Saving Interventions and Their Cost-Effectivenss', *Risk Analysis*, 15, 369～389（1995）〕

日本の事例: 94件〔A. Kishimoto, T. Oka, J. Nakanishi, 'The Cost-Effectiveness of Life-Saving Interventions in Japan, Do Chemical Regulations Cost Too much?', *Chemosphere*, 53, 291～299,（2003）〕

図 2・4　余命を 1 年救うのにかかる費用

表 2・5　環境汚染物質対策の費用対効果

事　例	余命 1 年延長当たりの費用〔万円〕
シロアリ防除剤クロルデンの禁止	4,500
カセイソーダ製造での水銀法の禁止	57,000
乾電池の無水銀化	2,200
ガソリン中のベンゼン含有率の規制	23,000
自動車 NO_x 法	8,600
ごみ焼却施設でのダイオキシンの規制（緊急対策）	790
ごみ焼却施設でのダイオキシンの規制（恒久対策）	15,000

出典: 岡　敏弘, 'リスク便益分析と倫理', 科学, 72(10), 1009～1014（2002）.

（6 章参照）. また, 表 2・5 は, 国内でこれまでに実施された環境汚染物質対策における, 余命 1 年獲得当たりの費用である. このような評価事例の数はまだけっして多くないが, 事例を積み重ねることによって, たとえば, 余命 1 年に 100 万円なら安いが 100 億円なら高すぎるといった具合に, 環境対策の費用対効果の "相場"

のようなものが形成されていく．

　個々の対策費用の話ではないが，寿命とGDPとの関係（図2・1）は，長い寿命の獲得には衛生・医療・福祉・教育などへの投資が不可欠であることを強く示唆している．

2・6　人間はどこまで長生きしたいか

　このような質問に対して，直感的には"とりあえず，死ぬのはイヤ"だから，"いつまでも長生きしたい"と答える人が多いだろう．現実には不老不死は不可能だが，脳死の問題，臓器移植やクローン技術を考えてみればわかるように，生と死の境目があいまいになってきている．死ぬのが嫌なら（限定的な意味ではあるが）死なずにすむ方法もないではない，という時代が来つつある．もちろん，"いつまでも年を取らず生き続けることが幸せだろうか"というやや哲学的な問いに対しては，それぞれさまざまな意見があるだろう．

　環境問題，特に環境汚染物質や原子力の問題では，しばしばゼロリスクが主張される．たとえば，農薬などの化学物質を用いるときには，リスクがないことを保証せよ，というような考え方である．現実の問題としては，これは無理な要求である．第一に，リスクがないことを科学は証明できない．いえることは，せいぜい，"今の知見から判断して，有害影響が生じる見込みはとても小さい"ということだけである．歴史的にみれば，かつては発がん性があると思われていなかった物質に発がん性が見つかり，かつては残留していると思われていなかった微量な物質が検出されてきたのである．第二に，すでに述べたリスクトレードオフの問題がある．ある特定の問題でゼロリスクを追及することが，他のリスクを増加させたり，あるいは，他のリスクの削減対策を遅らせたりするならば，ナンセンスというしかない．一般に，リスクが小さくなればなるほど，さらに小さくするのには大きな費用がかかる．

　ゼロリスクの主張を退けるために，身のまわりには，われわれが当たり前と思って受け入れているものも含めて，数多くのリスク因子があるという事実が指摘されることがある．確かに，環境汚染物質を始めとして，いろいろな環境問題で議論される因子だけがリスク因子ではないことを理解しておくことは重要である．たとえば，エイムスの発がん性ランキングで紹介したように，人工の化学物質だけではなく天然の化学物質にも有害作用を生じるものが少なくない．また，われわれの不健康なライフスタイルは，最大のリスク因子の一つであると認識されている．しかし，だからといって，環境問題に伴う健康リスクを許容すべきだという議論は乱暴すぎ

る．あるリスクが受け入れられるかどうかは，そのリスクの性質による．一般には，自発的に受け入れているリスクは，他から押し付けられるリスクに比べて小さいと感じられる．また，未知なもの，なじみのないものは，リスクが大きいと感じられる．たとえば，自動車に伴うリスクは，実はけっこう大きいにもかかわらず，飛行機に乗るリスクや原子力発電所のリスクよりも受け入れやすい．

リスク便益分析は，社会としての効率性を高めることに貢献する．社会システムが効率的であることは，社会の持続可能性の観点から重要ではある．しかし，リスク管理における問題整理の方法の一つにすぎないことを忘れてはいけない．たとえば，ある化学物質の便益を国民全員で受けているのに，リスクは工場の近くの人々だけが受けているという状況があったとすれば，かりに社会としては効率的であったとしても，公平性や正義といった観点からは重大な問題がある．現実のリスク管理を行う場合には，このような観点からの慎重な配慮が不可欠である．

本章では"寿命"という物差しを中心に解説してきたが，環境問題にはそれだけではとらえられない要素もある．その一つは，生態系の保全である（3章参照）．なぜ生態系を守る必要があるのかという問いも一筋縄ではいかないが，少なくとも，長生きのために生態系を保全するというのには無理がある．環境汚染物質対策が相対的に高価であることをすでに述べたが，割高であるにもかかわらず正当化されるべき理由には，環境汚染物質対策が暗黙に生態系の保全に寄与しているとの認識があることが挙げられるだろう．

"寿命"という物差しでとらえられないもう一つの要素は，次世代の人たちへの配慮である．リスクトレードオフは，投入できる資源や費用に制約があることに起因する．それを回避するために，次世代の人々が使うはずだった資源や費用を前倒しで使ってしまっている状況があるとしたらどうだろうか．次世代の人々は，現世代のわれわれの行動に対してクレームをつけることはできない．われわれの"とりあえず，死ぬのはイヤ"といった感覚や，現世代の社会の効率性の追及からは，次世代への配慮は生まれてこないだろう．むしろ，"どこまで長生きしたいか"の問いに，"長生きにはコストがかかる"という前提で正面から取組むことが求められている．

参 考 文 献

1) R. Wilson, 'Analyzing the Daily Risks of Life', *Technology Review*, **81**, 41〜46 (1979).

2) B. N. Ames, R. Magaw, L. S. Gold, 'Ranking Possible Carcinogenic Hazards', *Science*, **236**, 271 ～ 275 (1987).
3) B. L. Cohen, 'Catalog of Risks Extended and Updated', *Health Physics*, **61**, 317～334 (1991).
・ホームページ
　　厚生労働省　平成 14 年簡易生命表・平成 14 年人口動態統計年報
　　　http://www.mhlw.go.jp/
　　World Health Organization（WHO，世界保健機関）
　　　The World Health Report 2003　http://www.who.int/whr/en/
　　The Central Intelligence Agency（CIA，米国中央情報局）
　　　The World Factbook 2003　http://www.cia.gov/cia/publications/factbook/

[そのほかの参考書]
・A・クラルスフェルド，F・ルヴァ著，藤野邦夫訳，"死と老化の生物学"．新思索社（2003）．
・蒲生昌志，'化学物質の健康リスク評価と不確実性'，科学，**72**(10)，990～995（2002）．
・トム・カークウッド著，小沢元彦訳，"生命の持ち時間はきまっているのか"，三交社（2002）．
・白澤卓二，"老化時計"，中央公論新社（2002）．
・田沼靖一，"ヒトはどうして老いるのか"，筑摩書房（2002）．
・ジョン・F・ロス著，佐藤紀子訳，"リスクセンス"，集英社（2001）．
・東鳩和子，"死因事典"，講談社（2000）．
・岡　敏弘，"環境政策論"，岩波書店（1999）．
・古川俊之，"寿命の数理"，朝倉書店（1996）．
・中西準子，"環境リスク論"，岩波書店（1995）．
・中西準子，"水の環境戦略"，岩波書店（1994）．
・品川嘉也，松田裕之，"死の科学"，光文社（1991）．

3

人間と生物は共生できるか

　地球はわれわれが知りうるかぎり太陽系で唯一生命が繁栄する惑星である．その表層には青く美しい海と緑あふれる大地が広がり，そこにさまざまな生物種が生命活動を営み，生物圏を形成している．われわれ人類も生物種の一員として繁栄しているが，さまざまな人間活動が環境破壊をもたらし，生物圏の姿を大きく変え，多くの生物種を絶滅へと導いていることが今大きな問題となっている．はたして人間は生物と共生することができるのであろうか？　それとも人間は生物種が絶滅を続けても生きていくことが可能なのであろうか？　本章では人間と生物のかかわりがどれだけ自然環境および人間生活に重大な影響を及ぼしているのかについて解説し，生物保全の意義について考察してみたい．

3・1　生物圏の構成要素：生態系

　動植物から菌類・細菌に至るまで，生物が存在するのは海と大気を含む地球の表面のごく薄い層に限られており，この層を**生物圏**とよぶ．生物圏は一様ではなく，海には海の生き物，陸上には陸上の生き物が存在する．また陸上においても山岳や平野，森林や砂漠，川や湖のようにさまざまな環境があり，それぞれ独自の生物種が存在し，独特の生物活動が営まれている．このように，土，水，大気からなる無機的環境と，その環境における生物と生物活動のまとまりを**生態系**とよぶ．生態系は水たまりの中に形成されるような小さなものから，熱帯のジャングルに形成されるような大きなものまで存在する．小さな生態系はより大きな生態系に内包され，さらに地球上のすべての生態系が統合されて生物圏を形成しているのである．

　いかなる生態系においても，光合成（まれに化学合成）によって水から酸素を，そして水，二酸化炭素，および無機物からデンプンやタンパク質など有機物を合成する生産者が存在し，生産者から供給された有機物を生産者の働きとは逆に酸素などを用いて水や二酸化炭素に分解して生命活動に必要なエネルギーを得る消費者が

3・1 生物圏の構成要素：生態系

存在する．生産者となる生物はおもに緑色植物であり，消費者となるのは動物である．もちろん植物自身もみずからの活動エネルギーを得るために消費者ともなる．さらに菌類や細菌など動物と同様に植物の生産物を利用しながら，動物の死がいや排せつ物など有機物を分解する分解者も存在する．生産者，消費者あるいは分解者に属する生物同士は食う食われるの関係，すなわち食物連鎖や食物網で結ばれており，物質は生態系の中でこの食物連鎖・食物網の流れに乗って有機物と無機物の相互変換を繰返しながら循環する．一方，太陽からの光エネルギーは光合成により有機物として化学エネルギーに変換され，さまざまな生物に利用され，無機化に伴って熱エネルギーに変化して最終的には宇宙に放出される．すなわち生態系とは生物間および生物と無機的環境の間で物質やエネルギーの完全なる循環が行われている系をさす（図3・1）．

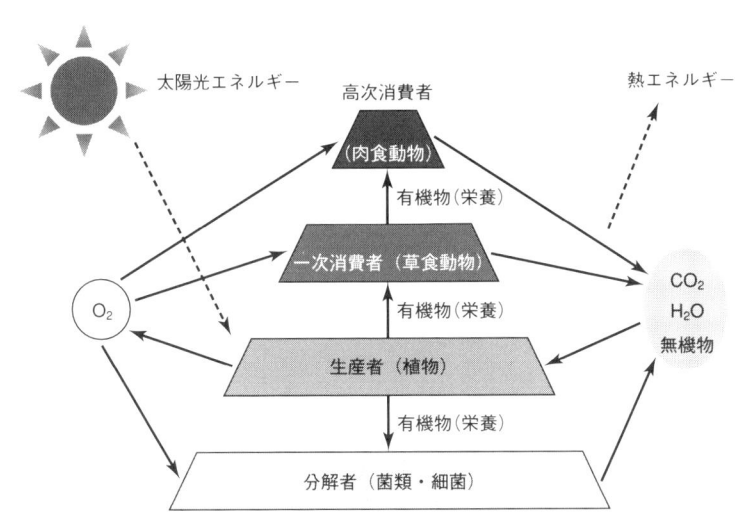

エネルギー源は太陽光で，生産者相，消費者相および分解者相からなる生物相によって有機物・無機物が完全に循環している．

図3・1　自然生態系の構成

エネルギー循環を考えると，生産者から生産される有機物（化学エネルギー）はそれを摂取する消費者によって順次消費されていくので，必然的に食物連鎖の上位に立つ消費者ほど利用できるエネルギーに限りが生じ，その個体数や生物体量（バ

イオマス，単位面積当たりの重量で示す）は小さくなる傾向にある．したがって生産者，一次消費者，二次消費者という順に生態系における各栄養段階の生物の個体数やバイオマスを積み上げると，ピラミッド構造ができる．これを**生態ピラミッド**という．各栄養段階の個体数，バイオマス，およびエネルギーを指標とした生態ピラミッドをそれぞれ個体数ピラミッド，バイオマスピラミッド，およびエネルギーピラミッドという．個体数ピラミッドはときに例外的にそのピラミッド構造が崩れるケースもある．たとえば，1本のカシの木に大量の昆虫が寄生している場合，個体数ピラミッドでは生産者のカシの木に対して，一次消費者の昆虫の個体数が多くなるため，ピラミッドの底辺が小さくなってしまう．しかし，この場合でも，バイオマスやエネルギー量は圧倒的にカシの木のほうが大きいのでバイオマスピラミッドやエネルギーピラミッドの構造は崩れることはない．

3・2　自然生態系の機能と人間生活

　地球上の生態系は一様ではなく，さまざまな生態系が存在し，それぞれの生態系の中で物質とエネルギーの循環が行われると同時に，生態系の間でも物質・エネルギー循環が行われており，地球全体の生物相と地球環境の安定が維持されている．森林生態系はその豊富な植物相によって大気中の二酸化炭素を吸収して酸素を供給するという大気の浄化機能をもち，さらに微生物，昆虫，鳥や動物など多くの生物種を擁することで豊富な有機物・無機物を生産する．これらの栄養物が河川を通じ，海へ注がれることで沿岸の生態系に栄養物が供給され，海洋生物相を豊かなものにする．このとき，河川や海水の富栄養化を防いでいるのが湿地・干潟の生態系である．湿地・干潟には無数のプランクトンやカニ，ゴカイ，二枚貝など無数の生物種が生息し，それらが"生物フィルター"として機能し，汚れた河川水や海水の水質浄化を果たしているのである．

　このような森林生態系や湿地生態系，あるいは海洋生態系のように野生生物と自然環境だけからなる生態系を**自然生態系**とよぶのに対して，人為的環境である都市や農耕地も生態系とみなして**都市生態系**や**農耕地生態系**とよぶことがある．しかし，これらの系では物質やエネルギーの循環が不完全であり，正確な意味での生態系にはなりえていない．

　世界人口の半分が集中する都市生態系では，植物から成る生産者相も，菌類・細菌からなる分解者相もきわめて希薄であり，膨大なエネルギー消費者である人間が生きていくために必要な酸素や有機栄養物は他の生態系からの供給に頼っている．

3・2 自然生態系の機能と人間生活

また人間の産業活動を支えるためのエネルギーを石炭や石油などの化石燃料に大きく依存している．また，都市生態系が必要とする食料は自然生態系からの供給だけでは間に合わず，農耕地で得られる生産物に大きく依存することになる．農耕地では膨大な作物を生産するために，系内のエネルギーや無機物だけでは足りず，そこに化石燃料から合成された有機合成化学物質（化学肥料や農薬）が大量に投入されている（図3・2）．

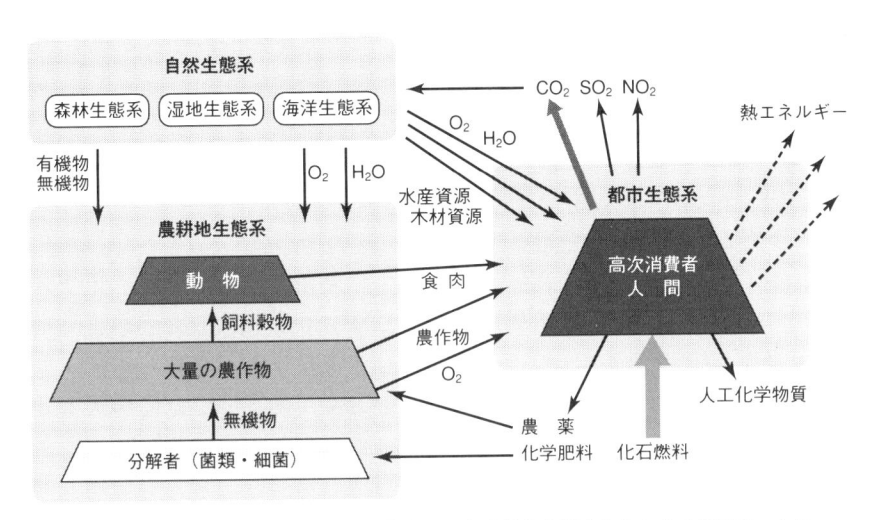

都市生態系では消費者である人間が集中し，生産者も分解者もきわめて貧困で，人間が生きていくための水，酸素，食物を外の生態系から供給しなくてはならない．さらに過剰なエネルギー消費を支えるために石油を中心とする化石燃料が投入される．その結果，膨大な熱エネルギーと二酸化炭素，大気汚染物質が放出される．農耕地生態系は大量の農作物の生産のために不足するエネルギーや無機物を石油化学合成産物によって補っている．

図3・2　人工生態系

このように都市および農耕地生態系では自然生態系とはまったく異なる形と量でエネルギーや物質を消費するため，物質循環が正常には働かない．これらの人工生態系からあふれ出る二酸化炭素を吸収し，酸素を供給しているのは熱帯林などの森林生態系であり，水中に流れ出た有機物を分解して浄化し，美しい水資源を供給しているのは湿地，河川，湖沼の生態系である．さらに農作物の新しい品種や医薬品の"素材"ともいうべき植物・微生物が保有する遺伝子資源や，レクリエーションや野外活動の場となるフィールド，美しい風景といった観光資源など人工生態系に

足りない資源と機能を補っているのはすべて自然生態系である．すなわち，人間は他の生物種以上に自然生態系に依存しており，その恩恵なくしてはわれわれ人間の存在は成り立たないのである．

3・3　生態系機能を支える生物多様性

地球上にはさまざまな生態系が存在している．それぞれの生態系を構成し，その機能を維持しているのはさまざまな生物種である．生態系における生物種の数の大小を**種の多様性**という（図3・3a）．生態系において生物種の数が大きくなる，すなわち種の多様性が高くなればなるほど，その食物網は複雑になり，エネルギーや物質の循環ルートが多岐に渡るので，環境変動や人為攪乱によって生物種の一部が減少した場合でも，系全体の機能は大きく損なわれずに維持され，やがてもとの状態に復帰するというふうに系の柔軟性と抵抗力が高まると考えられる．一方，ある1種の生物種集団にとって集団内にさまざまな遺伝子型の個体が存在する方が環境変動に対して多様な反応を示すことができるので，集団の生存確率は高まる．これを**遺伝子の多様性**という（図3・3b）．同様に，大気中の二酸化炭素を吸収して酸素を供給する森林生態系や，水を浄化する湿地生態系など，生態系にもバリエーションが存在することによって，さまざまな生態系機能が融合され，地域あるいは地球全体の環境安定性が維持されると考えられる．これを**生態系の多様性**という．このように生物の遺伝子から個体群・種，生態系の多様性に至るまで，さまざまな階層での多様性を包含する概念を**生物多様性**という．地球上に存在する種は，種名が付けられているものだけでも170万種を超えるとされるが，未発見の種を含めるとその総数は3000万種ともいわれている．これだけの膨大な数の種によって多様な遺伝子プールが維持されると同時に，多様な生態系が全地球上に展開され，地球レベルでのエネルギーおよび物質循環が安定して行われている．

しかし，現在，人間活動の著しい発展と拡大が地球規模での生物多様性の減少を招いており，生物多様性の保全は地球環境問題の重要課題の一つとなっている．このまま多様性の減少を放置すれば生態系機能が著しく低下し，最終的には人類の存続にもかかわると考えられる．何よりも生物種は，たった1種でも一度失うと二度と取戻すことのできない，かけがえのない存在である．現在の生物多様性が築かれるまでには，とてつもなく長い生物進化の時間がかけられており，その減少を復元することは人間の寿命や世代といったタイムスケールではとうてい不可能なのである．

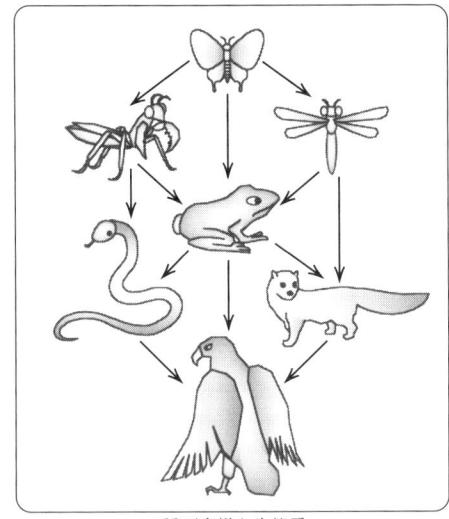

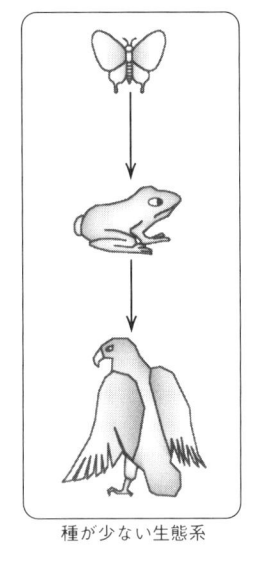

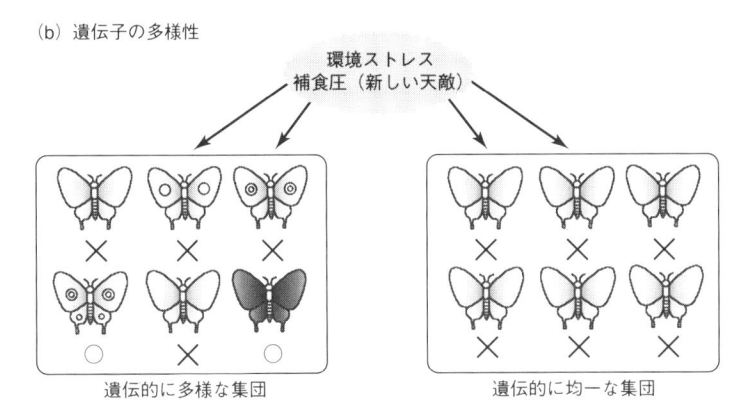

3・3 生態系機能を支える生物多様性

(a) 種の多様性

種が多様な生態系　　　　　種が少ない生態系

(b) 遺伝子の多様性

環境ストレス
補食圧（新しい天敵）

遺伝的に多様な集団　　　　遺伝的に均一な集団

(a) 生態系を構成する種の数が多いと，食物網が複雑になり，たとえばカエルが絶滅しても，他の食物連鎖ルートが維持されることで上位捕食者のタカは生き延びられる．しかし，種の数が少ない生態系では食物連鎖が単純で，カエルが減びれば自動的にタカも減り，また一次消費者のチョウが大発生することになる．(b) 同種のチョウ集団でも羽の模様・色彩をつかさどる遺伝子に変異があることで，天敵の増加という環境ストレスに対して適応する個体（この場合，威嚇の模様や保護色をもつ個体）が生き残り，集団は維持されるが，遺伝的に均一な集団はすべて捕食によって絶滅に追いやられる．

図3・3　生物多様性の意義

3・4 生物多様性の創造——進化と絶滅の歴史

　地球上に生存する何千万種もの生物は，種ごとに形態も生活史もさまざまであり，それぞれの種内にも豊富な遺伝的変異が内包されている．この膨大な生物種の多様性はおよそ今から35億年前に地球上に生命の始祖が誕生して以来，脈々と続いてきた生物進化と絶滅の歴史の繰返しの果てに誕生したものである．

　進化とは，生物集団の遺伝子組成が変化し，新たな形質をもつ集団へと変化する現象である．あらゆる生物種はDNAという遺伝物質をもつ．DNAは生物の形態や生理，行動など"形質"の遺伝情報を支配し，DNAのコピーが生殖を通して親から子へと受け継がれることで形質が子孫に伝えられる．ところが，このDNAの複製においてごくまれにエラーが起こり新しい遺伝子が生じることがある．これを**突然変異**という．突然変異遺伝子が蓄積されることで生物種は新たな形質を獲得する．しかし，突然変異の大部分は生物種にとって有害であり，新しい形質のほとんどが失敗作と終わり，生物集団中から速やかに排除されてしまう．そして，ごくまれに有利な形質を発現する突然変異遺伝子が生じたとき，初めて新しい形質は集団中に広がり始める．原始細菌から始まった生物集団はさまざまな突然変異遺伝子を生み出し，より多くの子孫を残すことができる個体の遺伝子が集団中に蓄積されるという**自然選択**の力によって，あるいはまた，集団が隔離されたり，集団の大きさが大きく変化する過程で集団中の遺伝子頻度が偶発的に変化する**遺伝的浮動**という現象によって，地球上のそれぞれの環境でより適応した遺伝子組成をもつ集団へと進化していった．こうして地球上にさまざまな形質をもつ生物種が誕生した．

　また，生物種が増えるに従い"食う食われるの関係"や"たかるたかられるの関係"などの生物間相互作用が生じ，生物はさらに複雑に進化していった．すなわち，肉食動物に食べられる草食動物はさまざまな防御形質を進化させ，それに対して肉食動物はさらに有効な攻撃能力を獲得し進化した．病原体に寄生される宿主生物はさまざまな免疫機構を身につけ進化したが，病原体もみずからの繁栄をかけて免疫機構を突破できるように進化を続けた．また，みずから移動することができない植物はその花粉を効率的に同種の花に運ぶために，花蜜というえさと花びらという目印によって運び屋の昆虫をおびき寄せるように進化し，昆虫もその花の形や開花時期に合わせてみずからの形態や生活史を特化させて進化してきた．このように生物種同士が相互に依存しながらともに進化していく現象を**共進化**といい，共進化によって地球上の生物多様性はより複雑で高度なものとなっていったのである．

　DNAの突然変異が起こる確率はきわめて低く，10万から100万回に1回の割合

でしか起きない．そして先にも述べたとおり，その大部分は有害遺伝子となり，生物集団中に残りえない．またたとえ有利な突然変異遺伝子が生じたとしても，その遺伝子をもつ個体が必ず成長して子孫を残せるという保証はなく，偶発的な事故によってせっかく生じた新しい遺伝子が集団中から消えてしまう場合も少なくない．このように突然変異遺伝子が集団中に蓄積して生物集団が進化を果たすということはきわめて成功確率の低い大事業であり，生物進化にかかる時間は膨大なものとなる．自然選択によって適応進化を果たし，ようやく生き残った生物種も環境の変化によって絶滅してしまうことも考えられる．実際に生物はその進化の歴史の中で多くの種が絶滅しており，特に**大絶滅**とよばれる地球規模での生物種の激減を5回も経験している．1度目の大絶滅は4億4000万年前のオルドビス紀に起き，それ以降は3億6500万年前デボン紀，2億4500万年前ペルム紀，2億1000万年前三畳紀，そして6700万年前白亜紀に大絶滅を迎えている．これらの大きな破局の原因は大陸移動などの地殻変動や隕石の衝突などの大異変に伴う長期にわたる気候の変化と考えられている．大絶滅のたびに生物種の数は大幅に減少したが，それは新しい種の進化の場を与えてくれるものであった．白亜紀後期の恐竜の絶滅によって，それまで小動物として影を潜めていた哺乳類が代わって地上で繁栄し，6000万年以上もの月日をかけた進化の果てにわれわれ人類が誕生した．

3・5 生物多様性の崩壊——現代の大絶滅

　人類は先史時代以来の分布拡大に伴い，地球上の生物たちをつぎつぎに絶滅に追いやってきた．今から約3万年前にインドネシアからオーストラリアにたどり着いたアボリジニーはフクロライオンや地上性ナマケモノなどの多くの大型哺乳類を食糧にしたため，数千年の間に絶滅させたと推測される．また，1万2000年前にユーラシア大陸からベーリング海峡を渡り北米大陸に上陸したネイティブアメリカンは，狩猟によって，わずか1000年の間にマンモスをはじめとする大型哺乳類の70％以上の属を絶滅に追いやったとされる．ニュージーランドで生態系の頂点を占めていた巨鳥モアは西暦1000年ころポリネシアから上陸を果たしたマオリ人たちによって約700年の間にほとんど食べられてしまった．同様に1598年にモーリシャス諸島に上陸したオランダ人たちによって，飛べない鳥ドードーは1681年までに姿を消した．19世紀にヨーロッパから大量の移民が渡ったアメリカ大陸では食料のためにリョコウバトを大量に捕獲し，50億近かった個体数は1860年代から70年代のわずか10年間で25万羽にまで減少し，1896年4月には5000羽が確認され

るだけとなった．この鳥は 1914 年に動物園で最後の 1 羽が姿を消した．このように人間の移住率と人口増加が高まるに連れ，生物が絶滅に至るまでの時間は急速に短くなっていった．その後，産業の発展とともに，工業化と都市化が世界各地で進行し，自然環境の破壊と汚染が拡大することで生物の絶滅率はいよいよ飛躍的に増大した．無計画な森林破壊や大規模な湿地干拓，大気汚染や水質汚染により，生物種の生息域は大幅に減少し，さらに生態系機能をも麻痺させている．

現在の地球上で起こっている生物種の絶滅速度は過去のいかなる絶滅よりも圧倒的に大きい．恐竜時代の大絶滅は，大隕石の衝突という突発的危機が原因と考えられており，恐竜のみならず，海洋のプランクトン，アンモナイト，魚竜，翼竜などそれまで栄えていた生物種が一斉に衰退し，数百万種もの生物種が姿を消したと考えられている．しかし，この大絶滅も，これまでの化石データからの検証によれば 200 万年以上の長い時間をかけて徐々に進行したと考えられ，その絶滅速度は 1 年に 1～3 種程度と計算される．

恐竜の絶滅時代には多くの大型恐竜が絶滅していくかたわらで，大きな気候の変化から逃れ，限られた生息環境（レフュジアという）に隠れて進化の時を待ちかまえていた小型の哺乳類が新しい環境に適応放散し，その多様性を開花させた．いわば絶滅の裏で進化の新しい歴史が始まっていた．ところが現在の大絶滅では，熱帯林の奥地から極地の氷上に至るまで，地球上のいたる所に人間活動の影響が及び，新しい種を生み出すための遺伝子資源と時間が急速に奪われている．

3・6　拡大を続ける熱帯林の破壊

地球規模での生態系破壊の中でも森林破壊は最も深刻な問題である．8000 年前の地球上は 5000 万～6000 万 km^2 にも及ぶ森林に覆われていた．しかし，人間による土地開発および木材資源の伐採のために現在では森林の総面積は 8000 年前の 3 分の 2 に当たる 3454 万 km^2 にまで縮小し，今もなお消失を続けている（図 3・4）．森林破壊の歴史は人間文明の開始以来進行しており，特に 19 世紀から 20 世紀にかけて欧米諸国が自国の森林を"無価値な土地"として切り開き，近代産業を発展させた結果，自然林の 90 ％近くは破壊された．そして 20 世紀以降，森林破壊の波は熱帯林に及び，生物多様性の著しい減少の要因となっている．

熱帯林とは熱帯雨林，熱帯季節林，熱帯サバンナ林の総称で，中米，南米東北部，東南アジア，アフリカ中央部・西部，オーストラリア東北部など高温多湿な地域に分布する．1995 年時点での熱帯林の面積は 1730 万 km^2 で地球上の全陸地面積のわ

3・6 拡大を続ける熱帯林の破壊

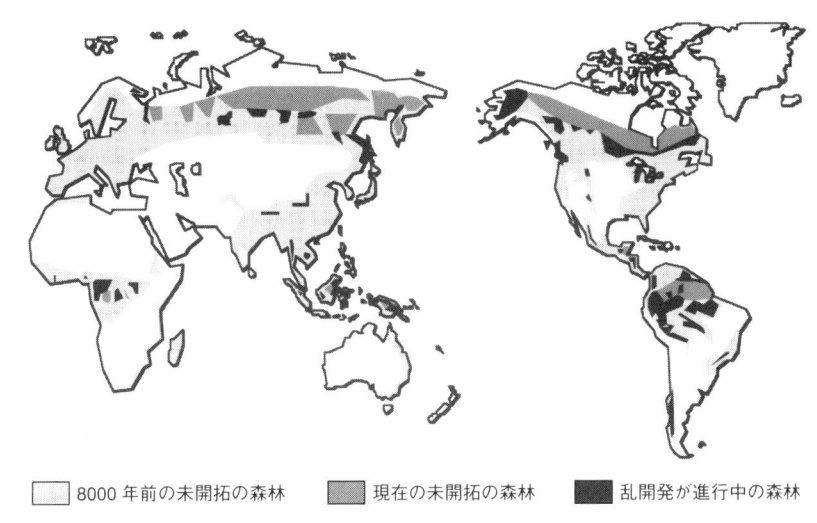

図3・4 世界の森林帯の状態 [FAO (国連食糧農業機関), "State of the World's Forests" (1997) より作成]

□ 8000年前の未開拓の森林　■ 現在の未開拓の森林　■ 乱開発が進行中の森林

ずか11.6％を占めるにすぎないが，このわずかな面積地帯に地球上の全生物種の約半分が生息しているとされ，貴重な生物の宝庫となっている．

1940年からすでに半分以上が消失してしまった熱帯林であるが，現在もその減少は止まらず，減少速度は年間13万km^2にも及ぶ．これは日本の本州の約半分の面積に匹敵する．生物が豊かな熱帯林ゆえ破壊されても回復が速いと考えられがちであるが，冷温帯の森林に比べて土壌分解能力が高い熱帯林では，有機物は速やかに分解されて大量の植物に吸収されてしまうため，その土壌は常にやせた状態にあり，森林が伐採されて裸地が生じてしまうと，次世代の若木は栄養不足で生育できない．

熱帯林の破壊とともに生物多様性は急速に低下しており，これまでに1〜5万種もの生物種が絶滅したと考えられる．さらに熱帯林の減少は大気中の二酸化炭素量の増加を招き，地球温暖化を促進するおそれがある．アマゾンのジャングルだけでも地球上の酸素収支の3分の1に関与しているといわれている．熱帯林が切り出されることで二酸化炭素の吸収・固定機能が低下するとともに，切り出された木材が燃焼されることで二酸化炭素が放出される．過去20年間で地球全体における人為的な二酸化炭素の放出量は年平均約71億トンとされるが，その発生源は55億トンが化石燃料の燃焼によるものであり，16億トンが熱帯林の減少による．また，熱

帯林は多量の水を樹木や土壌に蓄えており，その水分が蒸発することで大気中に水分が供給される．しかし，熱帯林が消失することで水分蒸発が減少し，降雨量が減少するという気候変動まで招くとされる．このように地球環境を維持するうえで重要な生態系機能を担う熱帯林が破壊されるということは，地球規模の気候変動までも招き，さらなる生物多様性減少の余波が地球全体に及ぶことになる．

熱帯林の減少が特に著しい地域はラテンアメリカ，東南アジアや西アフリカで，年間減少率は1～1.7%にも及ぶ．1990～95年の6年間で最も減少面積が大きかったのはブラジル12万7700km^{2}で，ついでインドネシア5万4200km^{2}となっている．これほどまでに激しく熱帯林を破壊に導いている要因は，農地への転換，焼畑農耕の拡大，過度の薪炭材採取，商業伐採，過放牧などが挙げられる．これらのうち焼畑農耕が破壊面積の45%を占める．森林資源の重要性が広く知られるようになった現在においてもなお，熱帯林の破壊が加速され続けている背景には南北問題という深刻な社会的・経済的要因がある（11章参照）．熱帯林のほとんどは開発途上国の圏内にあり，これらの国々では爆発的に増える人口を支えるために，また経済発展を優先するあまり，自国の天然資源である森林を破壊し，土地開発を急いでいる（図3・5）．

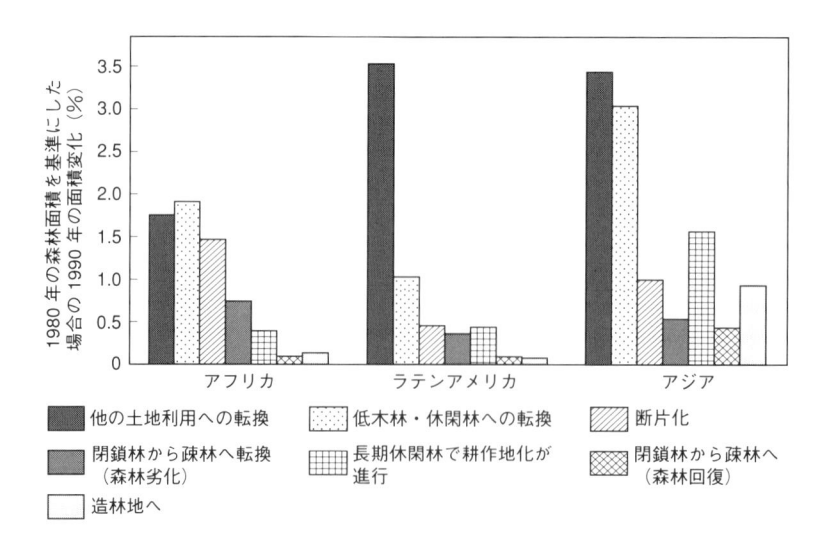

図3・5 1980～90年におけるおもな熱帯林地域の森林転換状況 ［FAO, "State of the World's Forests"（1997）より作成］

3・7 地球規模で生態系を汚染する化学物質

　人間は石油化学を駆使してさまざまな合成化学物質を生産してきた．農作物の収量を上げるための農薬や化学肥料，日常用品としてのプラスチック，医薬品など多くの物質が人間生活の向上に利用されてきた．しかし，これらの化学物質の中には自然界に流出することで生物多様性に深刻なダメージを与えるものがある（6章参照）．

　化学物質による生態系撹乱のなかで最も深刻で象徴的な事例として，DDTやPCBなどのPOPs（環境残留性有機汚染物質）による汚染が挙げられる．DDTは有機塩素系殺虫剤で，昆虫類にのみ著しい効果を示し，哺乳類や鳥類に対する急性毒性が低かったことから画期的な殺虫剤として1940年代以降，世界中で多用された．しかし，DDTは化学的にきわめて安定なことに加えて脂溶性が高いため，環境中に排出されると長期間残留し，さらに食物連鎖を通じて生体濃縮が起こり，野生生物の，特に高次消費者の体内に高濃度に蓄積する．長期に渡るDDTの体内蓄積は免疫力の低下や生殖異常などの慢性毒性をもたらすとされる．欧米でDDTが体内に高濃度で蓄積した水鳥や猛禽類が多数死亡する事例が1960年代に報告され，1970年代に入ってから世界的に使用規制が進んだ．

　DDTと同じく有機塩素化合物であるPCBは19世紀初頭から世界中で幅広く使用された物質である．PCBは通常の油に比べると化学的に安定で，高温耐性，酸・アルカリ耐性，不燃性，絶縁性を有する産業利用上きわめて有用な物質であり，コンデンサーの絶縁油，熱媒体，潤滑油，塗料，印刷用インクなど工業用・日常用製品に広く使用されてきた．しかし，PCBもその化学的安定性と残留性から自然界で生体濃縮が起こり，魚の大量死や野生動物の繁殖力低下を招くなどの自然生態系に対する悪影響が表面化し，1970年以降世界中でその使用が規制されるようになった．

　これらの有機塩素系化合物による生態系破壊の深刻な点は，先進諸国で使用停止が決定されてからすでに25年以上経過した今もなお野生生物への汚染が続いていることである．特にイルカやアザラシなどの海洋哺乳動物に対する汚染が深刻化しており，南極や北極という化学物質とは無縁のはずの極地に住む個体からもきわめて高い濃度のDDTとPCBが検出されている（図3・6, 3・7）．1988年に北海およびバルト海で約18,000頭ものゴマフアザラシが大量死した事件の原因はPCBやDDTの蓄積によってアザラシの免疫機能が低下し，ジステンパーウイルスがまん延したためと考えられている．

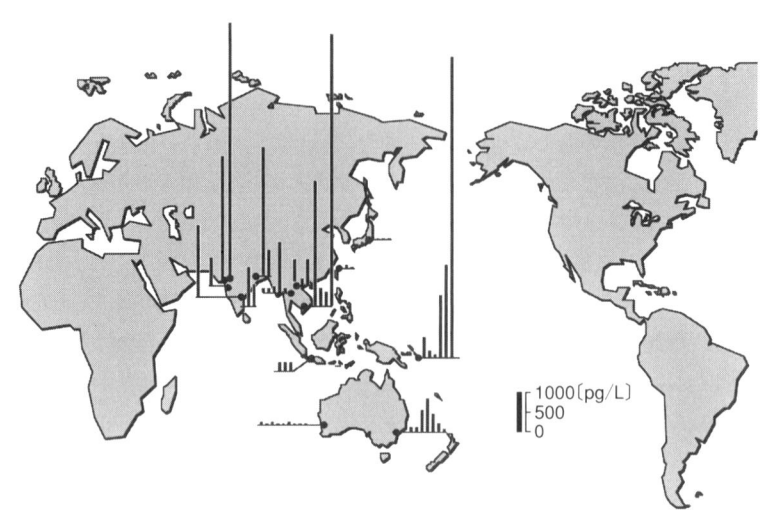

使用国周辺での汚染が目立つ．[H. Iwata, S. Tanabe, N. Sakai, A. Nishimura, R. Tatsu-kawa, *Environ. pollut.*, **85**, 15～33（1994）より改変]

図3・6　インド洋，太平洋海域における海水のDDT汚染濃度

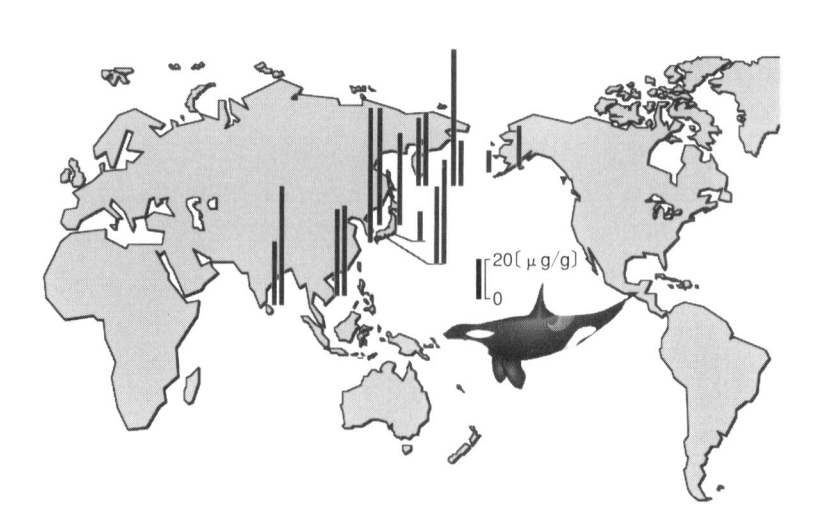

海水中の汚染濃度が低いはずのベーリング海周辺のクジラまで高濃度のDDTに汚染されている．[H. Iwata S. Tanabe, N. Sakai, A. Nishimura, R. Tatsukawa, *Environ. pollut.*, **85**, 15～33（1994）より改変]

図3・7　インド洋，太平洋海域における鯨類のDDT体内汚染濃度

化学的に安定で分解しにくい PCB は処理が難しく，過去に生産された大部分が今もなお世界各地で倉庫に放置されたままとなっている．そのため，大気の流れに乗った移動が続き，生物への汚染も続いている．また，DDT もマラリアを媒介させる蚊の駆除のため，東南アジアやインドなどの開発途上国での使用が続いており，やはり気流に乗って世界中の生物を汚染していると考えられている．

有機塩素系化合物以外にも環境中に放出され，生態系を汚染している物質は無数にある．工場廃液に含まれていた有機水銀化合物は魚介類を汚染し，有鉛ガソリンの燃焼や採鉱現場から排出された鉛は大気中に拡散して多くの野生生物体内に蓄積した．船底に塗布して海藻や貝類が付着するのを防ぐための殺生物剤トリブチルスズ（TBT）は世界各地の海洋哺乳動物や魚介類を汚染し，特に巻き貝にインポセックス（雌なのにペニスが生じる現象）という生殖器形成異常をもたらした．1989年アラスカのプリンス・ウィリアム湾で起きたタンカーの座礁事故に代表される海難事故によって流出した大量の重油は，付近の海域および沿岸の野生生物種に大きなダメージを与えた．

自然界にも天然の化合物が無数に存在するが，それらはいずれも生物進化の過程で生み出され，生物とともに共存してきたものであり，生物による生産・利用・分解の繰返しによって生態系の中を循環している．しかし，人間がつくり出した多くの化学物質は野生生物にとって未知の物質であり，なおかつその排出量は膨大なため，環境中での循環が滞り，汚染が拡大してしまう．

3・8 地域固有の生物種を脅かす侵入生物

人間による生態系撹乱の重要な要素の一つに侵入生物問題がある．**侵入生物**とは人間の手により本来生息すべき場所から別の地域へ移送され，移送先の新天地で定着と分布拡大を果たした生物種をさす．生物は太古の時代より移動・分散を繰返して分布を拡大してきた．それはみずからの子孫を地球により広く残すためであり，移動分散は生物種のもつ根元的性質といってよい．しかし，いずれの種も分布は際限なく広がるのではなく，山・川・海洋といったそれぞれの生物種にとって越えようのない地理的障壁により分布域は仕切られていた．この仕切りにより，地域ごとに独自の生物相や遺伝子組成が形成され，その結果として現在の生物多様性がつくり出されてきた．ところが人間の出現はこの生物種の分布に関する"不文律"を無効にしはじめた．

人間はみずからの分布を拡大する過程でさまざまな生物種のもち運びを行った．

それは農耕・牧畜のための栽培植物や家畜の移送が始まりであったが，船舶や飛行機，鉄道，運河，道路といった文明の利器の発達とともに人間そのものの移動能力は飛躍的に拡大し，運搬する資材も膨大なものとなり，同時にこれまで生物の分布拡大を制限していた"地理的障壁"がことごとく取り払われた．さまざまな生物種が人間の手により大陸から大陸へ，島から島へと大移動を始めた．生物進化の"常識"をはるかに超えた生物種の大量移動はさまざまな侵入生物を生み出し，生物多様性を減少に導いている．

カリブ海・フィリピン・インドネシア海域原産の海藻イチイヅタは熱帯魚水槽の観賞用植物として世界中の水族館で利用されているが，フランス・モナコの水族館から漏出したと疑われる野生化集団が分布拡大を続け，在来の海藻や魚を駆逐し，キラー海藻の異名をとっている．ちなみにわが国でも2002年に北陸沖で本種の侵入が確認されている．またアメリカ大陸の大西洋沿岸域に生息する肉食のクシクラゲは貨物船のバラスト水に紛れて黒海に到達し，爆発的に増えて在来の魚を捕食し，漁業被害は累計2億5000万ドルにものぼった．北米西海岸原産のニジマスはスポーツフィッシングや養殖用として世界中に"配送"されている．どう猛な肉食魚である本種は世界中で在来魚の衰退を招いている．この100年間で北米だけでも40種の魚類が絶滅したと考えられており，その3分の2が輸入された魚によって消滅させられたとされる．

害虫や害獣を駆除するために天敵生物を導入する**生物的防除**は，農薬などの化学的防除よりもクリーンで"自然な"方法として受取られやすい．しかし，ときとして役立つはずの導入天敵生物が人間の意図せぬ方向に動き出す．カリブ海や太平洋の島々にドブネズミの駆除のために導入されたジャワマングースは，島の固有動物たちをつぎつぎに捕食し，絶滅に追いやっている．わが国でも琉球列島にハブ退治目的でマングースが導入されたが，もともと昼行性のマングースが夜行性のハブと自然界で出会う機会はほとんどなく，マングースは危険なハブより捕りやすい希少種アマミノクロウサギを獲物とし，その存続を危うくしている．

侵入生物問題の深刻で難しい点は，原因となる"生物"が独自に動き，増えることで予想もしない結果を招くことである．化学物質や放射性物質には半減期があるが，侵入生物は一度定着に成功すれば，増殖を繰返す．世界市場の自由化が国際的物流をますます活発にするなか，人や物資とともに侵入生物の国際化も進みつつある．

3・9　わが国の生態系破壊の現状

　日本の国土の67％は森林に覆われているが，その4割はスギやヒノキなどの人工林が占めている．かつて日本に存在したブナ，ナラ，カエデといった落葉広葉樹林やシイなどの照葉樹林から成る独特の原生林は，木材供給のために伐採され，スギ・ヒノキなどの商業林に置き換えられていった．加えて林内の下草に除草剤が散布され，低木は刈り取られ，単一林に姿を変えていった．かつての広葉樹林は深く根を張り，落ち葉も多くの雨水をためて土壌流出を防ぐ働きをし，多くの樹種から成る森とその間を流れる川には多様な生物が生息していた．しかし，現在の人工単一林にはかつての生物多様性を支える環境はない．

　農耕地生態系にも大きな危機が訪れている．日本の稲そのものが弥生時代に大陸から伝わった外来種で，水田耕作が始まったときから天然の広葉樹林は破壊されてきた．しかし，長年の稲作文化は，日本の丘陵地や氾濫原などの多様な環境に人間が手を加えて維持する独特の人為生態系——里山生態系をはぐくんできた．雑木林や鎮守の森，屋敷林などの多様な森林，草地，水田，ため池，それらを結ぶ用水路など，多様な系がモザイク状に組合わされた生態系にトンボ，メダカ，カエル，鳥類などから成る高い生物多様性が維持されてきた．しかし，第二次世界大戦後の"構造改善政策"によって農業環境は激変し，この貴重な"人間-自然共生型生態系"は急速に減りつつある．用水路や田のあぜ道はコンクリートに固められ，周囲の道路はアスファルトで舗装され，森やため池は宅地に姿を変えるなど，農業環境の人工的画一化の進行は里山生態系の複雑な食物網を断ち切り，生物集団を分断し，系全体のバランスを崩している．

　戦中・戦後の工業化がもたらした重大な公害問題も日本の生物多様性に大きなダメージを与えてきた．熊本県水俣市の地域住民に水俣病をもたらした工場廃液中の有機水銀化合物は，水俣湾周辺の魚介類や鳥類を汚染した．日本各地の湿地は干拓事業により減少し，湿地生態系は大きなダメージを受けている．

　また，さまざまな外来の生物種が侵入生物と化して在来の生物相を脅かしている．食用として輸入されたブラックバスやブルーギルは湖や河川に放流され，在来魚類に深刻なダメージを与えている．ペットとして輸入されたアライグマは，逃げたり捨てられた個体が野生化して日本中に分布を拡大し，さまざまな動植物を食害するなど，自然生態系や人間生活にも影響を与えている．

3・10 人間と生物は共生できるか

　地球の生物多様性を危機的状況に追い込んでいる根本的原因は，人間という生物の大幅な増加，すなわち人口爆発にある（4章参照）．その増加率は同じ大きさの陸上動物と比較しても100倍以上といわれる．急速に増加を続ける人間は陸上植物が有機物としてとらえる太陽エネルギーの多くを独占しているとされ，地球生態系のエネルギーピラミッド構造はきわめて不安定な状態にある．

　人口爆発を招いている原因は経済格差と世界市場の自由化という国際社会の構造にもある．先進国が工業生産物や工業技術を輸出する一方で，開発途上国に対して林産資源や商品作物の供給を求め，開発途上国では先進国が求める資材を供給して外貨を獲得するために，国内向け農作物の生産を犠牲にしてまで商業作物の生産に走り，土地を求めて森林を切り続けている．開発途上国では食糧生産，経済，社会保障が遅れたままとなり，労働力の補給と民族の繁栄を目的とした出産が続き，人口爆発を招いている．

　地球規模で考えたとき，生物多様性を守るうえでまず解決すべき現実的課題は，経済格差の解消である．最大の焦点は熱帯林の破壊にある．もし，地域経済格差を改善するような形で森林を救うことができれば，生物多様性の危機は大幅に削減される．そのためにはまず，生物の多様性を国際的な経済政策に組み入れる必要がある．すなわち，通商協定や開発援助融資に農作物や石油だけでなく，生物多様性の価値も計算に入れて，地域の生物多様性を守りつつ，開発途上国の発展を促進しなくてはならない．

　また，生物多様性喪失の速度を緩めるためには，現在以上に実行力のある国際的な機構が必要とされる．すでに"絶滅のおそれのある野生動植物の種の国際取引に関する条約（**ワシントン条約**）"や"特に水鳥の生息地として国際的に重要な湿地に関する条約（**ラムサール条約**）"，"生物の多様性に関する条約（**生物多様性条約**）"など野生生物とその生息域を保護するための条約が国際的に締結されているが，やはり経済的理由が優先されて必ずしもこれらの取決めが有効に働いていない場合も少なくなく，強力な国際協力と国家計画の推進が求められる（11章参照）．

　地球上の偏ったエネルギー消費を削減するためには，先進国においてもリサイクルや節約により資源消費速度を緩める努力をする必要がある．世界経済の相互関係に依存するあまり，特に先進国の人間は環境との直接的なつながりを失っている．すなわち，自国の木材資源が供給されるために世界の多くの場所で森林が過剰に開発されていることを気づかぬまま消費している．本来の地域内における生産と消費

のバランスへの意識を高めるために各国政府や非政府組織（NGO）は生物資源の需要と消費を監視し，その情報を公開することにより，消費者と環境の間にある関係を取戻す対策を講じる必要がある．そのうえで国民一人一人が資源の浪費を避け，リサイクル活動と技術の促進によって持続型の資源利用へと生活スタイルを変換していくことが重要であろう．

　このことは資源輸入大国である日本において特に重要な課題となる．これまでの物質中心の生活を改めて独自の文化と生態系を再構築し，自給自足の生活形態の中に豊かさを求めていくという価値観の変換が求められる．当然の事ながら，そのような生活形態にはさまざまな不便が伴い，すぐに受け入れることは難しいであろうが，そうした問題を解決する仕組みを国家レベルで支援する努力もなされるべきである．

　地球上のすべての人々が幸福に暮らすためにも経済発展は必要である．この発展を成功させるためには地球環境を維持する必要があり，人間と生物の共生は不可欠となる．そして人間が生物と共生するためには，個人レベルから国家レベルに至るまで，これまでの資源消費型の経済活動を持続的利用型の経済活動へと改める努力が必要とされる．

参 考 文 献

- Y. Baskin 著，藤倉 良訳，"生物多様性の意味"，ダイヤモンド社（2001）．
- D. Bryant, D. Nielsen, L. Tangley, "The Last Frontier Forests: Ecosystems and Economies on the Edge", World Resources Institute, Washington, D.C.（1997）．
- R. Carson 著，青木簗一訳，"沈黙の春"，新潮社（1987）．
- T. L. Erwin, *Coleopterists' Bulletin*, **36**, 74～75（1982）．
- J. Harte 著，網野ゆき子訳，"地球はいつまで我慢できるか"，晶文社（1997）．
- "Invasive Alien Species: A Toolkit of Best Prevention and Management Practices", ed by R. Wittenberg, M. J. W. Cock, CABI Publishing, New York（2002）．
- H. Iwata, S. Tanabe, N. Sakai, A. Nishimura, R. Tatsukawa, *Environ. pollut.*, **85**, 15～33（1994）
- B. Kegel 著，小山千草訳，"放浪するアリ"，新評論（2001）．
- 松原 聡，"環境生物科学"，裳華房（1997）．
- N. Myers 著，林 雄次郎訳，"沈みゆく箱舟"，岩波書店（1981）．
- T. E. Rinderer, B. P. Oldroyd, W. S. Sheppard, *Sci. Am.*, **12**, 84～90（1993）．
- 瀬戸昌之，"生態系——人間の存在を支える生物システム"，有斐閣（1992）．

- "State of the World's Forests", ed by Food and Agriculture Organization of the United Nations, Rome (1997).
- B. P. Stearns, S. C. Stearns 著,大西央士,小林重隆,成田あゆみ訳, "レッドデータの行方", ニュートンプレス (2000).
- 安原昭夫, "しのびよる化学物質汚染", 合同出版 (1999).
- E. O. Willson 著,大貫昌子,牧野俊一訳, "生命の多様性", 岩波書店 (1995).

[そのほかの参考書]
- 五箇公一,昆虫と自然, **37**, 8〜11 (2002).
- 児玉浩憲, "図解雑学 生態系", ナツメ社 (2000).
- 小澤祥司, "メダカが消える日 自然の再生をめざして", 岩波書店 (2000).
- 大石正道, "生態系と地球環境のしくみ", 日本実業出版社 (1999).

4

人口を支える水と食糧は得られるか

4・1　食糧供給と人口の増減

　米麦，トウモロコシなどのイネ科植物を栽培することで安定な収穫を得ることが可能になり，また貯蔵することも可能になって，人類は定住ができるようになった．そして都市が発達し，文明も発展した．

　欧州が豊かな森林に覆われていた時代は，肉をふんだんに消費することができた時期で年間1人100 kgの肉を消費していたとされる．その後，人口増加によって森が開拓されて穀物を栽培するようになると，肉を食べたくても食べることができない時代になって，年間1人16 kgの肉しか消費できなくなった．産業革命による生産性の向上によって農法も進歩した結果，畜産が始まり肉の生産は増大した．そして，年間1人46 kgの肉を消費できるようになった．

　農法の飛躍的な進歩，化学肥料の発明，土木技術の発達による灌漑面積の増加，輸送手段の発達，保存技術の進歩が食糧生産量を格段に増加させ，結果として，人口が飛躍的に増加することになった．1798年，英国の経済学者マルサス（T. R. Malthus）は，人口は等比級数的に増加するのに対して，食糧は等差級数的にしか増加せず，人口は過剰になり食糧不足が起きると述べた．

　欧州における**人口過剰**の問題は，新大陸への大量移民とそこからの食糧の大量輸入，化学肥料による単位面積当たりの収量増加により，当面の解決をみた．しかし世界的にみると，異常気象による干ばつや水害による食糧不足が原因となり多くの人々が死亡する事態が発生している．インドの大飢きん（1396～1407年）では全人口の30％近くが餓死し，アイルランドのジャガイモ飢きん（1846～47年）では100万人を超す餓死者が出ている．バングラデシュの大飢きん（1973年）は，水害が原因で多くの死者を出している．中国では，1616～1912年の間に324回の水害，167回の干ばつ，3回の虫害による飢きんが発生しており，1876～77年の飢きんでは1300万人が死亡した．最近では，1960年に300万人近くの人口が減少している．

4・2 先進国と途上国の人口動態

　栄養改善，公衆衛生の普及，医学の進歩によって死亡率は低下する．したがって出生率を抑制しなければ，人口は急激に増加する．一般には，死亡率が下がってさらに出生率が下がり，人口が安定化するまでには時間がかかる．この人口変動の過程は，**人口転換**といわれる経験則である．

　近代化による産業構造の変化や都市化による人々の意識の変化，晩婚化，未婚者の増加により，出生率の低下は先進国において顕著である．国連は2002年時点における世界人口は約62億人と推定した．1950年と比較すると，開発途上国において17億人から49億人へと約3倍になっているが，先進国においては8億人から12億人へと5割増にとどまっている．

　1人の女性が生涯に産むと見込まれる子供の数を**合計特殊出生率**とよぶ．国連は，今後50年間の世界全体の平均合計特殊出生率は，2.9から減少するものの，2.6以下にはならないと予測している．

　日本においては，合計特殊出生率が，歴史的にみても低い水準の1.35程度で推移している．そのため，日本の人口は，西暦2010年前後の1億3000万人をピークに減少に転じ，西暦2100年には6500万人にまで減少するといわれている．

　開発途上国では，子供が重要な労働力であるために，1人の女性が多くの子供を産む．また女性の地位の低さも多産と関連する要因である．

4・3 人口動態予測

　人口動態の要因は，広義には出生，死亡，移動の3種がある．**世界人口予測**に関して利用できるおもな資料は，IIASA（欧州），米国人口統計局，国連によるものがある．世界銀行も，専門のチームによって人口予測を行っていたことがある．

　IIASAによるものは，世界をわずか13地域に分割した予測であり，空間的な広がりという面では不利である．米国人口統計局によるものは，予測期間が2020年までであり，長期にわたる予測とはいえない．さらにこれら2種の予測には，高位推計，中位推計，低位推計等の予測の誤差に関する情報が不足している．そのため国連による推計が引用されることが多い．

　国連による地域ごとの人口予測値の高位推計，中位推計をそれぞれ，図4・1に示す．2001年時点の世界人口の大陸別分布をみると，アジア37.2億人，アフリカ8.1億人，ヨーロッパ7.3億人，ラテンアメリカ5.3億人，北アメリカ3.2億人，オセアニア0.3億人であり，国別に見れば，中国の12.85億人，インドの10.25億人

4・3 人口動態予測

が突出している．世界全体では，1990年から1995年にかけて，毎年8500万人の人口が増加している．1995～2000年の人口増加率は全体で1.36％，先進国で0.3％，開発途上国で1.63％であり，この傾向は，2015年前後まで継続するとされる．

インドの人口は2050年までに中国に追いつくと予測されている．インドでは1952年に国家的な家族計画運動を始めて，人口に関する教育，宣伝，家族計画の指導施設を設立した．さらに1970年代後半には，男性を中心とした不妊治療を国家が強制的に行うことを試みたが，国民からの反発によって中止に追い込まれ，効果が上がっていない．

中国では子供を1人にする，いわゆる"一人っ子政策"により，2000年に12億6583万人だった人口を15億人程度に抑えることが可能になるとしている（国連の

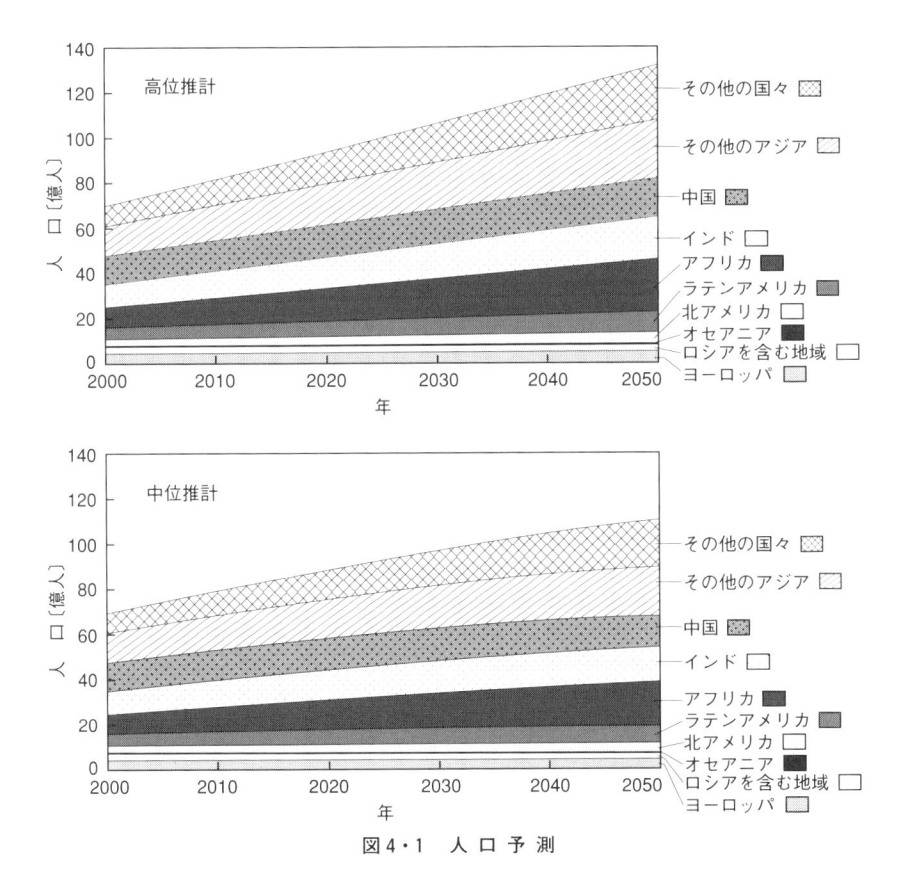

図4・1 人口予測

予測値によると，2050年に高位推計で17億人，中位推計で14億人）．一方，人口高齢化が短期間の間に起きる可能性もある．そのため農村地域では，1人目の子供が女子であった場合には，2人目の出産が認められている．

アジア開発銀行によれば，フィリピンでは，女性1人当たりの出産数は4.4人（1990年）から3.4人（2000年）に減少するものの，幼児死亡率が45人/1000人（1990年）から30人/1000人（2000年）に減少するため，西暦2050年には，5000万人の人口が増加すると予測している．

インド，パキスタン，ニカラグアでは，合計特殊出生率2.1という目標値は，達成不可能と思える．開発途上国では，増加する人口を養うために穀物を輸入することは難しい．そのため，人口問題に対して取組むことは重要である．国連は，世界人口会議を1974年（ブカレスト），1984年（メキシコシティ），1994年（カイロ）で開催しており，解決策に対する話し合いが続けられている．

4・4　地球が養える人口の上限を決めているものは何か

国連の人口予測（高位推計）によれば，世界人口は2050年には130億人まで増加する．現在の地球において，すでに8億人以上が最低の栄養必要量を満たしていない．リンネマン（H. Linneman）は"21世紀への世界食糧計画"で地球の潜在生産力の推定を行っている．

リンネマンによると，世界の耕地は1400万km^2あるが，土地の条件を勘案すると耕作が可能な面積は，1900万km^2存在すると推定している．この**可能耕作地**に米麦を植えたとすると，現時点における世界の年間穀物生産量である16億トンの20倍の生産量が期待される．この数値は，地球がかなり十分な余力をもっているように思える．しかし，以下に述べるように，けっして楽観はできない．

ちなみに，農業に依存しない食糧である海洋漁獲量は，1950年の1900万トンから現在まで4倍以上の伸びを示しているが，今後，大きな伸びは期待できないため，農業が地球上の人口の上限を決めるといえるだろう．

潜在的な生産力を実現するためには，エネルギーや資源，技術の開発や普及が必要で，それには膨大な資金と時間がかかる．地球環境を安定化させることも必要である．地球温暖化，森林の伐採，家畜の過放牧，土壌浸食，水不足，塩害，土壌汚染，大気汚染は食糧生産に重大な影響を及ぼす．

地球が養うことのできる人口は，食糧，エネルギー，環境により左右される．さらに，国際交易も重要な要素となる．そこで，地球上における食糧需給を考えるに

は，図4・2に示した各項目間の関係およびその役割を整理すると理解しやすい．

食糧需要量は，人口，所得，価格により決定される．所得増加により食糧摂取の構成比率が変化する．日本の場合，第二次世界大戦後，米の消費が減少し，肉や乳製品の摂取量が増加した（図1・6参照）．また，価格により需給量が変化することは当然である．食糧供給量は，それぞれの品目の作付面積，単位面積当たりの生産性から説明される．作付面積は，都市化の影響や食糧価格により，どの作物を植え付けるべきかどうかにより決定される．また，政策の変化も重要である．人口の大部分が農業従事者である中国において，品質・価格競争力の高い農業品が中国内にもたらされることによって，農民が離農する可能性も否定できない．

地球の陸地面積の10％は耕地であり，20％は放牧地である．現在，過放牧による草地の劣化，森林の荒廃が問題となっている．人口がそれほど多くないときには，持続可能な草地や森林を維持することができた．人口集中による都市化，自動車の普及に伴う土地の道路への転換，さらに，水害などの災害等は，農地面積を減少させる要因となる．

土地の生産性は，土壌の質，肥料投入量，気温，水供給量（降水量），により決

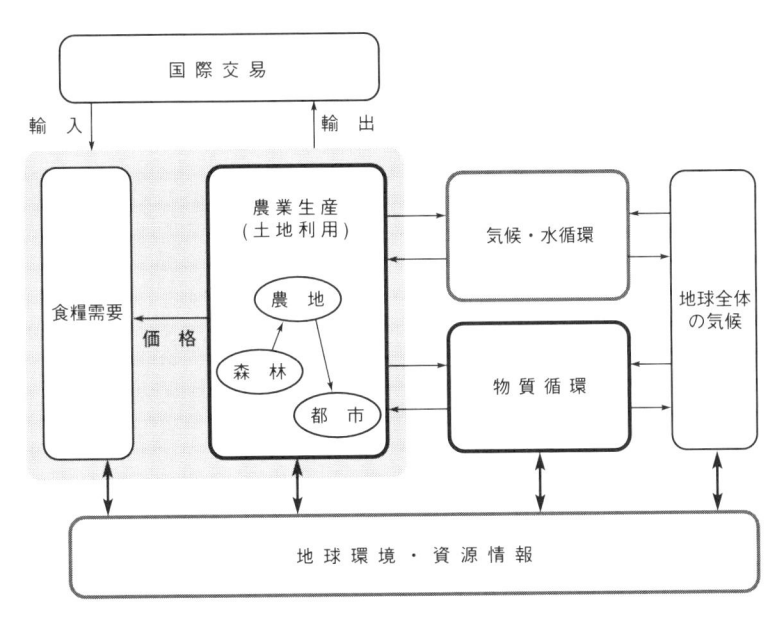

図4・2　食糧需給を総合的にとらえる試み

定される．肥料の投入により農産物の生産性は飛躍的に増加する．20世紀に入って世界の食糧生産量が飛躍的に伸びたのは，肥料を工業的に生産することができたからである．逆に肥料はどの程度まで投入可能かとなると，明確な基準は存在しない．しかし，投入量に上限はあるといえるだろう．肥料を過剰に投入すれば，作物によって吸収されずに流れ出した肥料が，河川水や地下水の窒素汚染をひき起こすからである．

地球全体に1年間に降る雨の量は，約132兆 m^3 と推計されており，地球の陸地面積を考慮すると世界全体の平均の降水量は900 mm 前後となる．地中海の国々では，古くはローマにある水道橋にみられるように水資源の積極的な利用が行われてきた．ロシアでは主要河川において多くのダムが建造され，米国では水資源の確保が積極的に行われてきた．そのため，従来では農作物の作付けに適していない半乾燥地域においても作付けが可能となり，農産物の生産量の増加に大きく寄与するようになった．

マリ，ニジェール，チャドなどの西アフリカ地域においては，砂漠化が急速に進展している（図1・2参照）．干ばつや地下水の過剰なくみ上げ，都市用水の増加等が原因としてあげられている．インドの穀物生産量の25％は，くみ上げられる地下水によってまかなわれていて，くみ上げが過剰だと指摘されている．

日射も植物の生長を決めるための重要な要因である．森林火災による煙，あるいは火山の噴火による噴煙により，日射量が影響を受け，植物の生長を大きく変化させることもある．

世界全体の食糧需給量を決定する要因について述べてきたが，これらの要因を総合的にとらえ，食糧需給予測を行っていくことが求められている．

4・5 地球温暖化の影響

図4・3は，IPCCにより予測されている地球温暖化による月別の気温および降水量の長期変動を示したものである．気温と降水量の変化は植物の生長に大きな影響を及ぼす．

気温とその継続時間の積によって植物の生長速度が変化する．ある地域では，植物の生長が加速化され，ある地域では生長速度が低下する．降水量の変動に伴って，ある地域ではより多くの水が必要とされるようになり，またある地域では，多くなりすぎた降水量のために，洪水などの影響を受ける可能性がある．海面水位が上昇することによって農地そのものが消滅する可能性もある．アジア地域で米を栽培し

ている地域は，河川に隣接しており，海水面の上昇の影響を受けやすい．かりに水面が1m上昇した場合，バングラデシュでは，主食の米の生産量が半減すると計算されている．突発する異常気象による食糧生産への影響も無視できない．主要な農業輸出国である米国において，熱波と干ばつの影響を受けて穀物生産量が減少したこともすでに報告されている．

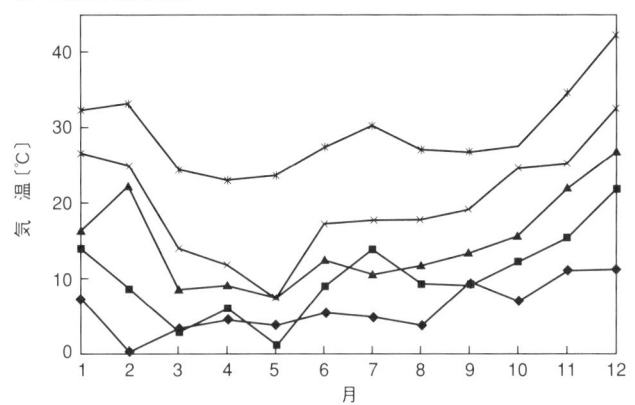

(a) 気温の月別変化量

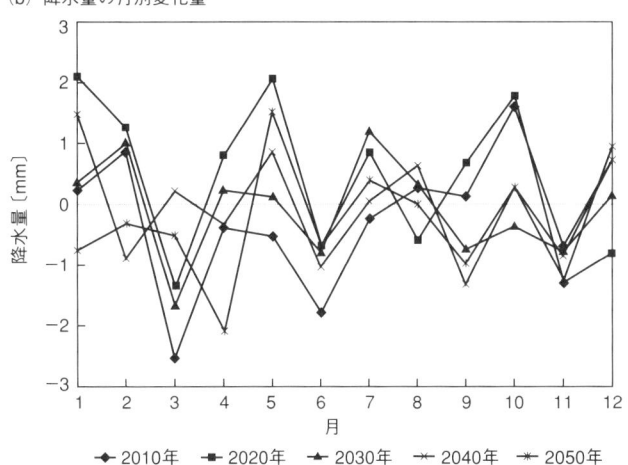

(b) 降水量の月別変化量

◆ 2010年　■ 2020年　▲ 2030年　― 2040年　＊ 2050年

(a) は最高気温の変化を (b) は1日の平均降水量の変化を示す（世界平均値）
図4・3　地球温暖化による気温および降水量の変化量の推移の予測

4・6 人口を支える水と食糧は得られるか

　増加する人口を養い続けるためには，食糧の増産を実現するしか方法はない．そのため，水の利用効率を上げること，バイオテクノロジーや遺伝子組換え技術の利用，あるいは，限られた食糧を効率良く利用するためにタンパク質の生産形態を考え直すこと，効率の良い保存技術や輸送技術の開発などが求められている．

　水については，農業用水への水の利用を増やすために，都市部での雨水の利用，水を使わないトイレの開発に加え，そもそも水をあまり使わない生活習慣を構築することも必要であろう．農地における水の利用では，より少ない水で生長可能な品種を導入することや，灌漑の方法を工夫することによって，無駄な水の消費量を抑える試みが続けられている．

　現在，米国，カナダ，フランス，オーストラリア，アルゼンチン，南アフリカ，タイが，世界の穀物貿易量の40％以上を占めている寡占状態になっている．各国での食糧の増産はそう簡単ではないために，米国は食糧戦略を進めている．遺伝子組換えによって耐塩性・耐干性を与え，また，より少ない殺虫剤で生長をすることが可能な品種が開発できれば，食糧生産量を増やすことができる．米国は現在，世界各国に対し生産性の高い遺伝子組換え作物の輸入自由化を求めている．しかし，欧州においては，遺伝子組換え作物に対する拒否反応が広がりつつあり，遺伝子組換え技術を用いない従来の方法で生産された小麦に対する需要が増加傾向にある．一方中国では，2002年に，遺伝子組換え作物の種子の生産を中国政府が初めて認めた．今後，遺伝子組換え作物の安全性が一般社会に理解されれば，普及が進む．したがって安全性の研究を進めることが重要である，との意見があるが，安全性は単なる人体への安全性が問題というよりも，環境への影響を含めて広範な安全性への合意形成が必要だと考えられる．遺伝子組換え作物のもつメリットを過大視することなく，慎重な姿勢が必要だと考えられる．

　穀物のデンプンをタンパク質へ変化させるため，ウシは体重1 kgを増加させるのに7 kgの穀物を必要とし，ブタは4 kg，トリや魚類は2 kgの穀物を必要とする．先進国の家畜が開発途上国の人々と競合状況にあるといわれる理由がこれである．そのため，より少ない飼料で，より多くのタンパク質に変換することが求められており，牛肉生産量の伸びに比べ，鶏肉や養殖による魚類の伸びが著しい．最も副作用の少ない方法は，穀物の中で，人間の食糧にならない部分を家畜に食べさせることである．

　結論として，人間の創意工夫によって生産効率を上昇させることで，かなりの食

糧生産が可能になると計算できる．しかし，気候変動をはじめとするさまざまな不確定要素が残っているうえに，計算と実現とはかなり違うことを認識しなければならない．地球上の人口と食糧供給を持続可能なレベルに保つためには，教育プログラムの導入によって人口増加を抑えること，社会開発を含めた総合的なアプローチを各地域に導入することによって，調和ある人類社会を構築することが必須である．しかし，その実現には多大な困難が伴うだろう．日本の状況を考えても，その困難さがすぐに理解できるはずである．読者にもじっくりと考えてもらいたい．世界全体としての食糧生産に寄与するために，日本の食糧自給率を現在の40％からせめて70％まで改善するには，一体，何をすればよいのだろうか．どのような社会システム，交易システムにすればよいのだろうか．この答えが出ないようでは，飢餓は世界のどこかに永遠に存在するだろう．

参 考 文 献

・マイケル・P・トダロ著，岡田靖夫監訳，"M・トダロの開発経済学（第6版）"，国際協力出版会（1997）．
・レスター・ブラウン，"エコ・エコノミー"，家の光協会（2002）．
・"地球環境データブック（2002-2003）"，クリストファー・フレイヴィン編著，家の協会（2002）．
・H・リンネマンほか著，唯是康彦監訳，"21世紀への世界食糧計画"――MOIRAモデルによる予測"東洋経済新報社（1998）．
・"IPCC 地球温暖化第三次レポート 気候変化2001"，中央法規出版（2001）．
・"環境システム――その理念と基礎手法"，土木学会環境システム委員会編，共立出版（1998）．
・"FAO 世界の食料・農業データブック――世界食料サミットとその背景"，国際食糧農業協会（農山漁村文化協会）（1998）．
・K. Oga, "2020年世界食糧需給予測", Japan International Research Center for Agricultural Sciences (JIRCAS) Ministry of Agriculture, Forestry and Fisheries (1998).
・K. Oga, K. Yanagishima, "JIRCAS Working Report No. 1：International Food and Agricultural Policy Simulation Model", Japan International Research Center for Agricultural Science (JIRCAS) Ministry of Agriculture, Forestry and Fisheries (1996).
・K. Matsumura, Y. Nakamura, 'Modeling the Land Use Change and Supply and Demand Structure for Food in Asia', "Proceeding of 1999 NIES Workshop on

Information Bases and Modeling for Land-use and Land-cover Changes Studies in East Asia", p. 179～185, August 1999.
- S. Priya, R. Shibasaki, 'National spatial crop yield simulation using GIS-based crop production model', *Ecological modeling*, 113～129 (2001).
- T. Oki, Y. Agata, S. Kanae, T Saruhashi, D. Yang, K. Musiake, 'Global assessment of current water resources using the total runoff integrating pathways', *Hydrol. Sci. J*, **46**(6), 983～995 (2001).
- P. Satya, "Evaluating Adaption Strategies Toward Sustainable Agricultural Development Using GIS-based Crop Production Model — Study of Indian Agroecosystem", PhD thesis, University of Tokyo, Japan (1999).
- G. Tan, R. Shibasaki, 'A study on the integration of GIS and EPIC: methodology and application', *Journal of the Japan Society of Photogrammetry & Remote Sensing*, **40**(3), 4～13 (2001).

5

どこまできれいな環境が欲しいか

5・1 ヒトの生存が要求するものは何か

ヒトという生物が生存するために要求するものは，大別して以下の三つであるといえよう．

第一は，生命維持のための食糧と水と医療である．
第二は，人間として生きるための知識と生きがいである．
第三は，生活の維持向上のための安心と快適さである．

第一の食糧と水と医療は，動物としてのヒトが生命を維持するために不可欠なものとして要求されるものであるが，世界中にはこれらすら不足して生命を脅かされている人が多数存在する．

ヒトはもともと自然の山林，原野，あるいは河川・湖沼や海の中の動植物をとって食糧としてきたため，他の動物と同様に，食糧によって人口が制限されていた．しかし，食糧の安定した供給と量産をめざした農耕，牧畜，水産養殖などが普及するとともに，人口が爆発的に増えてきた．この食糧の増産と人口の急増は，急速な自然改変をもたらし，逆に自然からの恵みである食糧を減らすことにもなっている．

水についても，**国連環境計画**（UNEP; United Nations Environment Programme）の推計では，世界の現在の人口60億人のうち，約20％が水不足で，不衛生で危険な水を飲んでおり，人口が80億人に達すると予想される2025年には53億人が飲料水不足に苦しむと予測している．また，世界の農耕地と牧畜地の約70％が水不足で砂漠化が進んでおり，砂漠化の影響を受けている農民数は約10億人にも達している．このままで，世界のヒトの食糧や水は確保されるのであろうか．

また，医療設備，医薬や医者が少ないために，感染症やけがなどによって救われるべき生命が脅かされている人も多数存在する．まずは，動物としてのヒトの生命

維持のための食糧と水と医療が求められるが，これらを確実に得るためには，知識（教育）が必要となる．

第二の知識と生きがいは，人間が単なる動物のヒトではなく，理性と希望をもって生きていくために要求されるものである．

知識については，家族や地域社会から自然に与えられるだけでなく，制度としての学校教育やさまざまな伝達メディアによる取得が求められているが，これも十分にできなかったり，国家指導者を利するための極端な教育が行われている国や地域が多数存在する．また，知識や情報の豊かな近代化された都市の中で，生きがいをもてないためにみずからの生存を拒否して自殺する人が多数存在するのはなぜであろうか．

生きがいについては，時代や国や個人によって大きく異なるものであるが，大別して以下の三つのどれを重視するかで分けられるのではないか．

❶ 金銭的・物的に豊かになり，楽ができるようになりたい．
❷ 周囲の人や多くの人に自己の存在や価値を知ってもらいたい．
❸ 家族や会社，あるいは医療，福祉，教育，環境保全など，他の人や子孫，他の生き物，現在と将来の社会のために役立ちたい．

❶や❷は，動物的，本能的な欲求であり，人間社会の発展の原動力にもなっているが，人間が他の動物と違ってできることは，他の地域の人や他の動植物，あるいは将来のことなどを考えられることであり，思いやりと理性をもった❸の欲求があることが人間としてのあかしである．

第三の生活の維持向上のための安心と快適さは，第一や第二の要求がある程度満たされてから，それを持続し，向上していくために要求されるものであり，人間社会の安定と持続のために不可欠なものである．

安心については，平和，地震や風水害等の災害への対策，交通事故，火災，感染症，人間関係等の日常トラブルへの対策，大気や水域等の環境の安全確保のための対策などが求められる．

快適さについては，いわばぜいたくであるが，これをめざした活動も人間社会の発展に不可欠な要素の一つである．

以上のような要求から，環境科学には，

● 自分たちや子供，孫の代までの食糧やさまざまな資源の確保，急速な気候変動の抑制，生物種・生態系の保護などのための自然（地球）環境の持続性の確保

- 有害化学物質に対する安全性の確保
- 地域の大気や水域が汚れていない安心と快適さの確保

などのための知識や情報の集約と実践的な活動の基盤を与えることが求められている.

5・2 人類は環境に対してどのような負荷をかけてきたか

　人間活動があるかぎり，環境への負荷が生じるのは当然のことである．しかし，35億年の生命の歴史の中で数千万分の1しかない20世紀後半だけで，人口が約2倍に増え，エネルギー資源と鉱物資源の消費量，漁獲量や木材生産量などがおよそ4倍にもなり，これらに伴って自然破壊が急速に進んできた．

　たとえば，地球上の陸地面積の6%しかない熱帯雨林に，世界中の植物の重量の約半分，生物種の約半分が生息しているが，その熱帯雨林が毎年約13万 km^2（本州の約半分）減っている．これらのこともあり，地球上でさまざまな環境変化に対

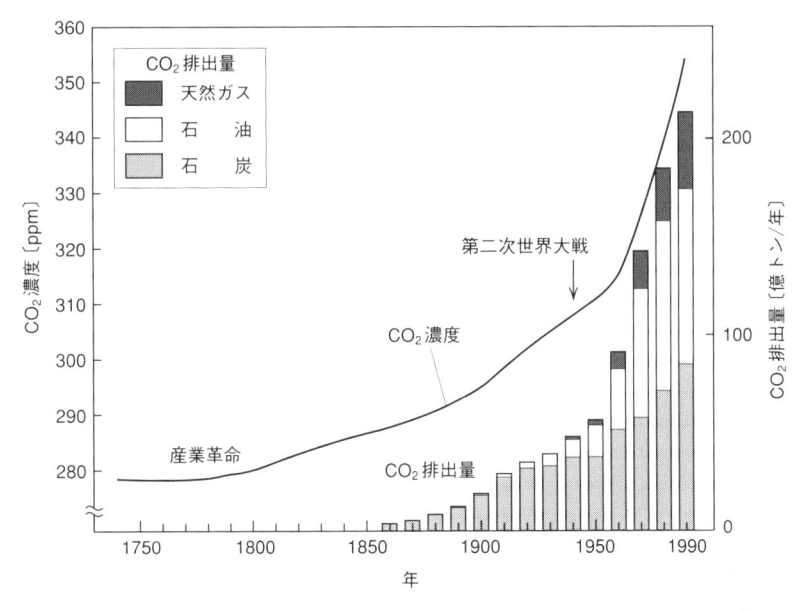

図5・1　大気中二酸化炭素濃度の変化 ［環境省資料，気象庁資料，"EDMC/エネルギー・経済統計要覧(2001年版)"日本エネルギー経済研究所計量分析部編，省エネルギーセンター（2001）より作成]

応して生き残ってきた生物が現在13分間に1種という猛烈な勢いで絶滅しているともいわれている．このような人口や資源消費の急増，急速な自然破壊や生物の絶滅がどこまで続き，いつくい止められるのであろうか．

地球の気温は過去に何回か大きな変動をしており，それに伴って動植物が絶滅や繁殖を繰返してきた．しかし，大気中の二酸化炭素濃度の増加は，今までの数千年間から数万年間にわたる地球の変化に比べて，あまりに急速に進んでいる（図5・1）．また，メタンやフロン類など，合わせると二酸化炭素と同程度の影響がある他の温室効果ガスも20世紀に急増した．このような，きわめて短時間の地球温暖化の進行に伴う影響は非常に大きいと予測されている．たとえば，世界の主要国で構成されている"気候変動に関する政府間パネル（IPCC）"によると，2100年には1990年に比べて地球の平均気温が1.4～5.8℃上昇し，東京の平均気温が鹿児島の平均気温程度になり，海面が9～88cm上昇して陸地の一部が水没すると予想されている．また，海流が変化して異常気象が続発し，病原菌や病害虫，雑草などが増えたり，生態系のバランスが崩れて生物の絶滅と異常繁殖などが増加すると予想されている．

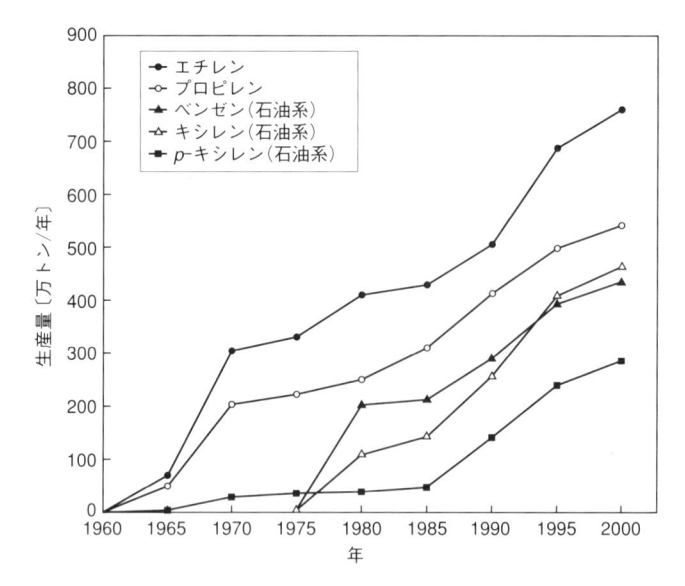

図5・2　日本における石油化学基礎製品の生産量の変化 ["化学工業年鑑（2002年版）"，化学工業日報社より作成]

5・2 人類は環境に対してどのような負荷をかけてきたか

このような中で，短期間に省エネルギー技術と自然エネルギー利用技術を発展させて，温暖化をいつくい止めることができるのであろうか．

一方，図5・2に示すように，1960年代後半からの石油化学の発展に伴って，生命の歴史上かつてなかった新たな合成化学物質の使用が急増したことによる影響も環境に重大な負荷を与えている．

たとえば，フロン類〔クロロフルオロカーボン（CFC），ヒドロクロロフルオロカーボン（HCFC），ヒドロフルオロカーボン（HFC），ペルフルオロカーボン（PFC）〕は，化学的に安定で，さまざまな物質に対する溶解力が強く，沸点が常温付近で気化や液化が容易であり，かつ安価であるなど，化学品として優れた性能をもっていることから，建物や自動車のエアコン，冷蔵庫，冷凍庫などの冷媒，電機・電子部品や機械・金属部品の洗浄剤，ウレタンフォームやスチレンフォームなどの発泡剤，スプレーの噴射剤などとして広く使われている．特に，日本は世界で2番目にフロン類を多く使ってきた．このフロン類には，表5・1に示したように，炭素と塩素とフッ素から成る CFC 類，これらに水素がついた HCFC 類，塩素がない HFC 類，塩素も水素もない PFC 類に分けられる．これらのうちで，塩素のついた CFC 類と HCFC 類が，成層圏で強い光を直接受けて，塩素ラジカルを発生し，ラジカル連鎖反応で大量のオゾンを分解し，地球上に到達する有害な紫外線を増加させることが明らかになった．また，塩素がついているか否かにかかわらず，環境

表5・1 おもなフロン類のオゾン層破壊や地球温暖化への影響

物質名（化学式）	大気中の寿命〔年〕	ODP[†1]	GWP[†2]
CFC-11 (CCl_3F)	45	1.0	4,600
CFC-12 (CCl_2F_2)	100	1.0	10,600
CFC-113 (CCl_2FCClF_2)	85	0.8	6,000
HCFC-22 ($CHClF_2$)	11.8	0.055	1,700
HCFC-123 ($CHCl_2CF_3$)	1.4	0.02	120
HCFC-141b (CH_3CCl_2F)	9.2	0.11	700
HFC-125 (CHF_2CF_3)	32.6	0	3,400
HFC-134a (CH_2FCF_3)	13.8	0	1,300
PFC-14 (CF_4)	50,000	0	5,700
PFC-116 (CF_3CF_3)	10,000	0	11,900

[†1] オゾン層破壊係数（CFC-11を1.0とした相対値）
[†2] 地球温暖化係数（CO_2を1.0とした100年積分相対値）
出典：ODP は Montreal Protocol，大気中寿命と GWP は IPCC Third Assessment Report; Climate Change 2001 による．

中での寿命が長く，赤外線を吸収する性質があるので，地球温暖化の原因となることもわかった．特に，PFC類の環境中での寿命は10,000～50,000年もあり，二酸化炭素の6300～12,500倍もの温室効果があるとされている．

フロン類のうちで，CFC類の新たな製造は禁止され，減少してきているが，図5・3に示すように，HCFCやHFCの排出は今後も増えると予想され，しっかりとした回収や無害化システムの確立が求められている．

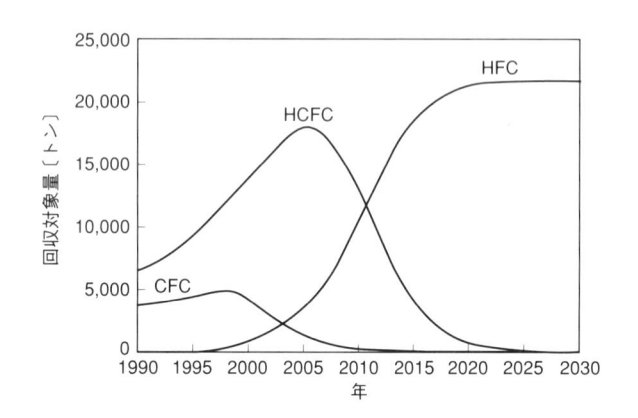

図5・3　日本でフロン類が使用済みとなる量の変化

また，有機塩素系溶剤をはじめとする**揮発性有機化合物類**（VOCs；Volatile Organic Compounds）は，工業用の溶剤や洗浄剤のほかに，塗料や接着剤などにも広く使われている．これらは，本質的に揮発させることで機能を発揮する物質であるため，室内空気や大気中に大量に放出されている．たとえば，2001年度から施行され，2003年3月に環境省と経済産業省から日本で初めて公表された**PRTR制度**（化学物質排出移動量届出制度）（7章参照）の届出データと筆者ら（エコケミストリー研究会）の推計によると，年間でトルエンが約17万トン，キシレンが約9万トン，塩素系溶剤類が約13万トン，ホルムアルデヒドが約3万トンも大気中に排出されている．

VOCsの大量排出は，石油資源の無駄使いであるだけでなく，いわゆるシックハウス，シックスクール，シックビルや光化学スモッグや浮遊粒子状物質（SMP）の原因となったり，肺がんなどの呼吸器系疾患の増加などにも影響している．

なお，PCB類などのPOPsについては，6章に述べられているので省略するが，

化学製品は利用上の性能や価格だけでなく，環境に与える負荷を十分に事前評価し，化学製品を利用するメリットをいかしながら，環境負荷によるデメリットを最小にする技術や社会システムを構築することが必要である．また，これが当面できない物質の使用は制限されるべきであり，化学者の良心としても製造・販売を控えるべきであろう．

5・3 きれいな環境は自然か人工物か

"きれい"な環境とは，ごみなどが散らかっていないで，空気や水が透明であるといった見た目のきれいな環境をいうのであれば，人工的につくれないわけではない．たとえば，空気清浄器で室内の空気を浄化したり，浄水器で飲料水を浄化して飲むことはできる．しかし，これではたして安全で安心できる本当に"きれい"な空気や水が得られるだろうか．

現在の空気清浄器はフィルターで花粉や細菌を除去しているが，わずかな活性炭が入っているだけなので，ガス状の有害物質はほとんど除去されない．それだけでなく，正体不明のマイナスイオンを発生するという宣伝文句で発がん性があるオゾンを発生するものもある．

人は平均1日に $15 \sim 20\,m^3$，重量に直すと $18 \sim 24\,kg$ の空気を吸っている．これを一生涯80年間にすると $438,000 \sim 584,000\,m^3$，$526 \sim 700$ トンにもなる．かりに，空気を十分きれいにできる機器が開発されたとしても，1人当たりが吸うこれだけの空気と周辺の空気をすべて人工的に浄化して本当に"きれい"にできるであろうか．室外に空気清浄器をもって歩くことができるであろうか．また，かりにできたとしても，このような人工的な処理をしなければ安心して吸えない空気でよいのであろうか．

浄水器も，異物や鉄，マンガンなどの懸濁物質などを沪過して除去し，活性炭で消毒用の塩素を還元して無害な塩化物イオンにする効果は比較的長時間持続するが，**トリハロメタン**（メタンの四つの水素のうち，三つが塩素または臭素に置換した化合物）を代表とする水に溶けている有害化学物質は短期間しか除去できない．また，浄水器でアルカリイオン水にするとかマイナスイオンを発生するといった無意味な効能をうたっている商品が高く販売されている．人は平均1日に2Lの水を飲むとされているが，生水だけを飲むわけでもないし，純水を飲んでいるわけでもない．きれいな天然水でも弱アルカリ性の場合が多く，塩分（イオン）や有機物が含まれているし，みそ汁など何にでも，たくさんのマイナスイオンと有機物が含ま

れている．

　世界中には，飲料水や農業用水が不足している地域がきわめて多いことはすでに述べたが，かりにこのことに目をつぶったとしても，降雨やさまざまな人為活動，および微生物から魚や水鳥までの生態系の影響を複雑に受けて汚染と浄化が行われている身近な河川や湖沼，沿岸域などの環境の水を，すべて人工的に処理して"きれい"にすることができるであろうか．

　自然環境では，人間活動などによって排出されたさまざまな物質を分解，無害化し，再び有用なものに循環している．たとえば，森の土壌には，一握りの中に世界の人口に匹敵する数十億の細菌や菌類，数千匹のダニ類，ミミズ類，線虫類など多様な生物が生息していて，枯れ葉や動物の死体の分解，空気中の二酸化炭素や窒素の生物への固定，降雨の保水など，さまざまな物質循環を担っている．また，水中や**底質**（水底の泥）にも多数の細菌や藻類，原生動物から昆虫類，甲殻類，魚類など多種多様な生物群が競争と共生をして，森から流れてくる物質や人の出す汚染物質を利用，分解し，さまざまな物質循環を担っている．

　一方，大気中でも太陽光によって生成するヒドロキシルラジカルなどによって，さまざまな大気汚染物質が二酸化炭素や水などに分解され，浄化されている．これらと同じことをすべて人工的にできるであろうか．

　多くの人は，上記のような自然の営みについての知識が乏しく（教育や情報を受けていない），自分たちは自然や他の生物と孤立した人工的な空間でも生きられると思い込んではいないだろうか．たとえば，ヒトの体の外と中には，腸内細菌をはじめ，数兆以上の細菌が住み着いて共生していることを知っている人は非常に少ない．生命の誕生以来，ばく大な種類と数の微生物が生きている地球に，ずっと後になってからヒトが誕生してきたのであり，微生物の作用なしにはあらゆる生物が生きられないし，きれいな環境もありえない．

　エイズやSARS（新型肺炎），BSE（ウシ海綿状脳症）などといった従来はなかった病原ウイルスや病原菌などによる疾病の突然の広がりは，微生物からはじまってヒトなどの高等生物に至るまでの生物の競争と共生（生態系）のバランスがとれた関係を大きく崩した社会への自然の仕返しともいえるのではないか．

　しかし，人口の急増と人為活動の活発化に伴う環境負荷の激増に対して，自然に任せだけではバランスがとれた浄化が追いつかなくなっていることも事実である．したがって，人類は，自然の修復（物質循環）能力を人工的に手助けするとともに，人間活動で出されるものを自然修復ができる範囲まで人工的に浄化してから

環境中に放出するようにする以外には,持続可能な"きれい"な環境を手にすることはできないであろう.

5・4 きれいな空気とは何か,どうやってつくるか

"きれい"な空気とは,生命の持続に対して脅威を与える物質を含まず,適切な湿度と温度がある空気といえよう.では,生命の持続に対して脅威を与える物質とは何であろうか.一つは,人の健康に直接悪影響を与える物質(有害物質)であり,もう一つは,温室効果ガスやオゾン層破壊物質,および人の健康にも悪いが,硫黄酸化物や窒素酸化物のような酸性雨で土壌や水系を酸性にする酸性物質,オゾンなどのような植物を傷める酸化性物質(**オキシダント**)など,地球の営みを大きく変化させてヒトを含む生態系を狂わせる物質(地球環境影響物質)である.

これらの生命の持続に脅威を与える物質を,人工的に空気中から除去したり,無害化することは,ごく一部の室内や排ガスでしかできないことはすでに述べた.それではどうしたらよいのであろうか.その答えはいくつかある.第一には,有害物質や地球環境影響物質をできるだけ使わないようにしたり,副生成しないようにする技術と社会システムを築くこと,第二には,これらの物質をできるだけ密閉系で使用し,回収して再使用する技術と社会システムを築くこと,第三には,これらの物質を環境中に排出する前に,自然が修復(浄化)できる程度まで除去または無害化する技術と社会システムを築くことである.

対象とする汚染物質の環境への影響の程度や用途,あるいは現在の技術レベルなどによって,これらのうちのどの方法を採用するか,今後どのような技術開発や社会システムの構築を行うかを考えることになる.ただし,日本の現状だけでなく,国際的な動きや将来のことも考え,かつさまざまな人の意見も聴いて判断する必要がある.この判断を誤ると,将来の社会あるいは会社などに大きな負荷をかけることになる.

これらのうちで,第一や第二の技術については,個別の物質と利用先によって異なるので,一般的なことはいえないが,第三の技術は,以下の❶から❹のようにまとめられる.

❶ 燃焼に伴って排出されるばいじん,粉砕や混合,乾燥などに伴って排出される粉じん,加熱されて気化した金属などが冷えてできるフューム(微細粒子),液の微小な飛まつなどのミスト,あるいはウイルスや細菌類などの粒子状の物質は,

集じん装置といわれるもので除去されている．

　集じん装置には，大きい粒子を重力で落とす沈降室，ガスを板や繊維に衝突させて粒子を慣性力で捕そくする衝突板集じん機やデミスター，図5・4に示すような円筒状の筒に排ガスを入れて回転させ，遠心力で粒子を壁に押しつけて捕そくするサイクロン，沪紙や沪布で沪過する**バグフィルター**，高電圧で放電して粒子を帯電させて集める**電気集じん機**，液の中を通したり，液滴とぶつけて粒子を捕そくする**スクラバー**などが使われている．ただし，0.1 μm（1 μm = 10^{-6} m）以下の微粒子は，これらのいずれでも十分に除去できず，問題となっている．

❷　塩化水素，塩素，硫黄酸化物，窒素酸化物，硫化水素，アンモニアなどの無機化合物のガスは，おもに塩基性または酸性の液で吸収して除去されている．吸収装置には，液を上からスプレーして下から流れてくるガスを吸収するスプレー塔，および図5・5に示すように，さまざまな形のプラスチックやセラミックの充填材を詰めた所に上から吸収液を流して下から流入してくる排ガス中の無機化合物を吸収する充填塔などが多く使われている．

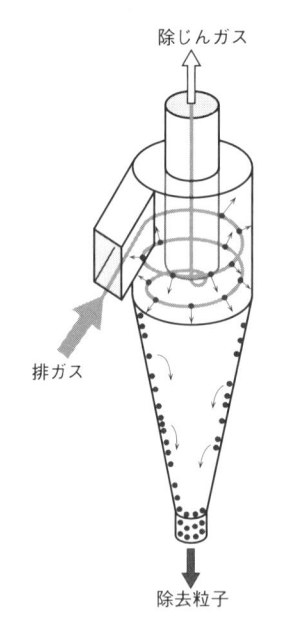

図5・4　排ガス中の粒子状物質の
　　　　サイクロンによる除去

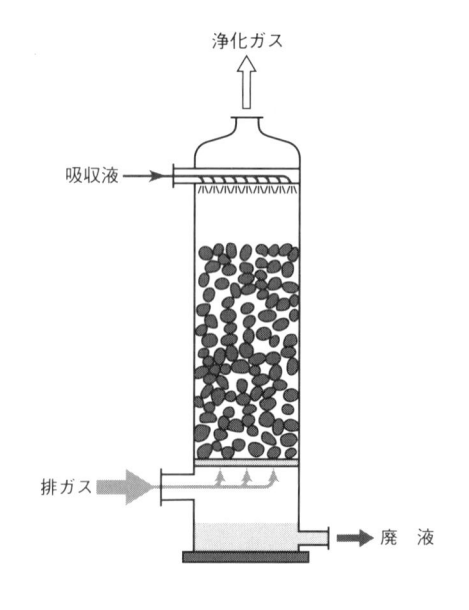

図5・5　排ガス中の無機ガスの
　　　　充填塔による吸収除去

5・4 きれいな空気とは何か，どうやってつくるか

❸ 塗料に含まれるトルエンやドライクリーニングに使われるテトラクロロエチレンなどの低沸点有機化合物（有機溶剤など）の蒸気は，おもに図5・6に例を示すような活性炭吸着装置で除去し，過熱水蒸気などで脱離回収する方法が多く使われている．活性炭には直径数ナノメートル（nm，10^{-9} m）以下の微細な孔があり，そこに有機化合物蒸気が毛管凝縮で液化して捕そくされる．ある程度の量がとれたら過熱水蒸気または熱風で加熱して追い出し，追い出された濃い蒸気を冷却して溶剤を凝縮させて回収し，活性炭は繰返し使う．

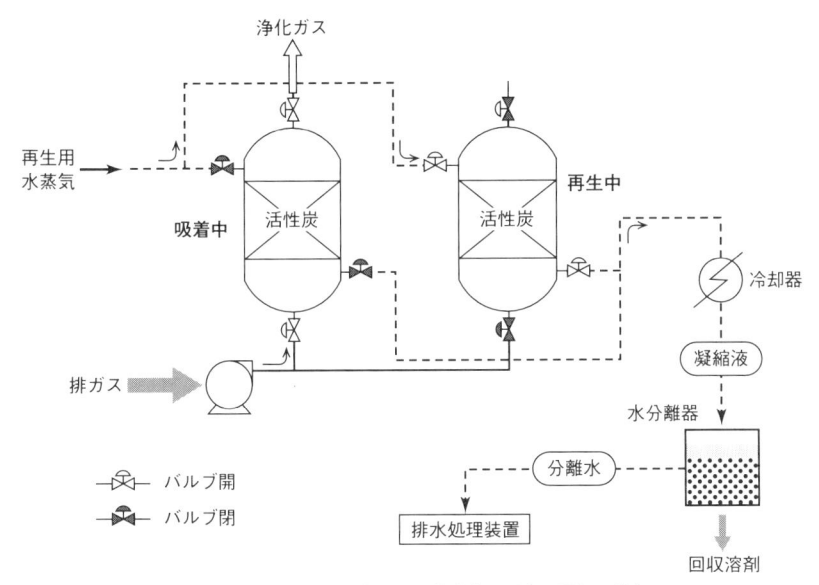

活性炭を詰めた2塔を交互に吸着除去と再生・回収に使う

図5・6　排ガス中の有機物蒸気の活性炭による吸着除去と回収

❹ 窒素酸化物や低濃度の有機化合物蒸気の除去には，触媒で還元分解または酸化分解する方法も使われている．また，一部ではプラズマで分解したり，オゾンや紫外線で酸化分解する方法も使われている．

これらを適切に選んで組合わせることによって，排ガスや室内空気をある程度までは"きれい"にすることができる．たとえば，室内空気をきれいにする空気清浄器では，一般にフィルターでほこりや細菌などを除去し，少量の活性炭吸着でにお

い成分の一部などを除去している．高圧放電で集じんしたり有機物の一部を分解しているものもある．

ただし，排ガスや空気中にはさまざまな汚染物質が含まれているので，一部の物質だけを除去しても本当に"きれい"にはならないし，まったく処理されないことも少なくない．このため，けい肺，ぜん息，気管支がんや肺がんなどの呼吸器系の病気やアレルギー，化学物質過敏症などの被害が各地で出ていることも忘れてはならない．

5・5　きれいな水とは何か，どうやってつくるか

"きれい"な水とは，純水ではなく，生命の持続に対して脅威を与える物質が含まれず，十分な量の酸素（**溶存酸素**）と少量の腐植質（フミン質，植物等の微生物分解生成物）などの天然有機物と少量のミネラル（必須元素）を含む水といえよう．ここで，生命の持続に対して脅威を与える物質とは何であろうか．一つは，空気と同じく人の健康に悪影響を与える有害物質であり，もう一つは，藻類から魚類までの水生生物の成育や生息に悪影響を与える有害物質である．

これらの生命の持続に脅威を与える物質を，人工的に水中から除去したり，無害化することは，水道水やごく一部の小河川か排水でしかできないことはすでに述べた．それではどうしたらよいのであろうか．根本的には前節で述べた空気の場合とまったく同じように，第一には，有害物質や地球環境影響物質をできるだけ使わないようにしたり，副生成しないようにし，第二には，これらの物質をできるだけ密閉系で使用し，回収して再使用し，第三には，これらの物質を環境中に排出する前に，自然が修復（浄化）できる程度まで除去または無害化する技術と社会システムを築くことである．日本の現状だけでなく，国際的な動きや将来のことも考え，かつさまざまな人の意見も聴いてこれらを選んだり，組合わせる判断を行い，必要な技術開発や社会システムの構築を行うことになる．この判断を誤ると，将来の社会あるいは会社などに大きな負荷をかけることになるのは空気でも水でも同じである．

これらのうちで，第三の技術は，以下の ❶ から ❹ の方法にまとめられる．

❶ およそ 10 mg/L 以上の濃度の土砂や微生物，粉体かす，不溶性の金属水酸化物や硫化物，有機物など，水中に懸濁している粒子状の物質は，おもに沈殿装置または浮上装置で除去されている．

5・5 きれいな水とは何か，どうやってつくるか

沈殿装置には，大きい粒子をそのまま沈殿させる自然沈殿池（槽）と水中でフロック（ふわふわした固まり）を形成するアルミニウムや鉄の塩，あるいは水溶性高分子などの凝集剤を加えて沈殿を促進する，図5・7に示すような凝集沈殿池（槽）とがある．

浮上装置には，比重が小さいために沈殿しない粒子状物質に対して，加圧して空気を水中に溶解させてから常圧に戻して水中に微細な気泡をつくり，粒子に付けて浮かせる装置と，空気を吹き込んで粒子を浮かせて除く装置とがある．

なお，10 mg/L 未満の粒子状物質は，砂の層あるいは砂と無煙炭やプラスチック，石の粒の層を重ねた装置で沪過する方法が多く使われている．また，数 mg/L 以下であれば，プラスチックやセラミックでできた精密沪過膜（粒径が数百 nm 以上の粒子を分離可能）や限外沪過膜（分子量が数万以上の物質を分離可能）などの膜で除去することもある．

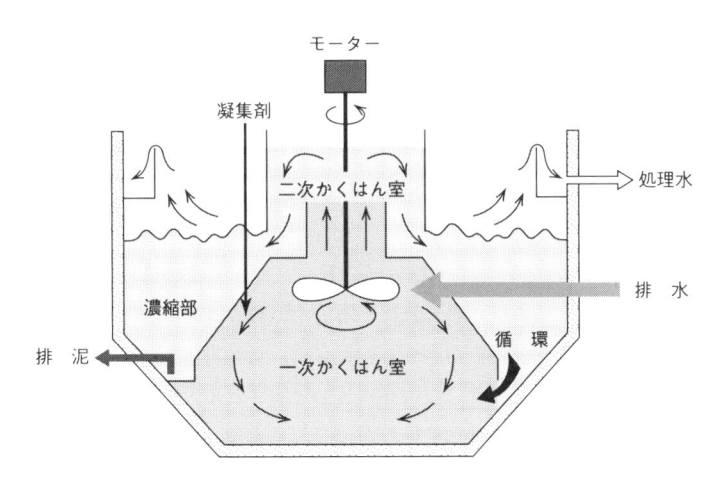

図5・7 排水中の懸濁物質の凝集沈殿槽による除去

❷ 水に溶けている汚染物質のうち，通常の有機物は，おもに微生物によって分解除去されている．有機物濃度がおよそ数千 mg/L 以上の場合には，酸素のない状態でメタン発酵細菌で分解する（**嫌気性微生物分解**という）方法が使われ，およそ 1000 mg/L 以下の場合には，水中に酸素を供給しながら微生物分解する（**好気性微生物分解**という）方法が使われている．

嫌気性微生物分解では，有機汚染物質がメタンと二酸化炭素などに分解され，メタンの回収利用が可能になるので，排水の有効利用ができる．一方，好気性微生物分解法には，図5・8に示すように，フロック状微生物の懸濁液で処理してから微生物のフロックを沈殿分離する**活性汚泥法**が多く使われている．また，さまざまな形のプラスチックやセラミックの担体を詰めた所に水を流して固体表面に微生物を付着生息させ，水中の有機物を分解する生物膜法も比較的多く使われるようになっている．

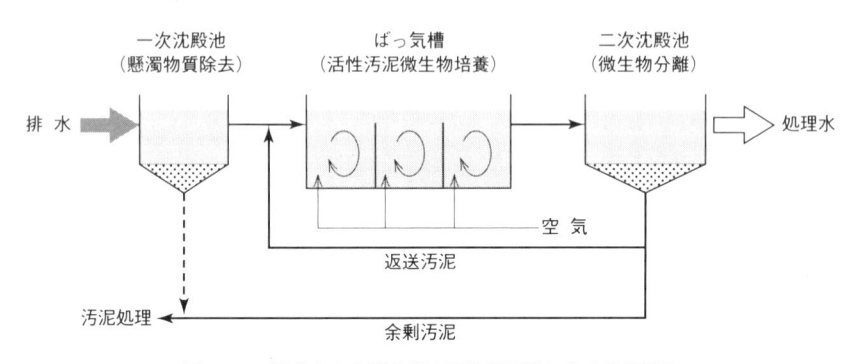

図5・8 排水中の有機物質の活性汚泥槽による分解除去

❸ 低濃度の有機物あるいは微生物では分解しにくい有機物は，オゾンを吹き込んで酸化分解したり，活性炭で吸着処理する方法で除去されている．この場合，活性炭の微細な孔に有機物が捕そくされるとともに，活性炭表面に微生物が付着生息するので水中の汚染物質や吸着した汚染物質が分解される．これを**生物活性炭処理**といい，汚れた川の水から飲料水を得る場合などにも使われている．ある程度の量が蓄積した廃活性炭は水蒸気中で約800℃に加熱して汚染物質を分解し，再生された活性炭は繰返し使う．

❹ 無機の酸や塩基あるいは金属イオン，半金属イオンなどの水に溶けている無機物は，おもに中和，酸化・還元による無害化または沈殿分離によって除去する方法が多く使われている．なお，貴金属イオンや，毒性が強く低濃度まで除去する必要がある無機イオンなどの場合には，金属イオンを次式のように選択的に吸着できる**キレート樹脂**または陰イオンを交換する**陰イオン交換樹脂**などで除去，回収することもある．

キレート樹脂の例

$$\text{®-CH}_2\text{N}\begin{matrix}\text{CH}_2\text{COH}\\\text{CH}_2\text{COH}\end{matrix}\overset{\displaystyle O}{\underset{\displaystyle O}{}} + M^{2+} \rightleftarrows \text{®-CH}_2\text{N}\begin{matrix}\text{CH}_2\text{C-O}\\\text{CH}_2\text{C-O}\end{matrix}\overset{\displaystyle O}{\underset{\displaystyle O}{}}\cdots M + 2H^+$$

Ⓡ：樹脂　　M：金属

　これらを適切に選んで組合わせることによって，河川水や排水をある程度までは"きれい"にすることができる．

　たとえば，河川水等から飲料水をつくる浄水場の多くは，自然沈殿，凝集沈殿，砂沪過と塩素消毒である程度きれいな水をつくっているが，汚染が進んでいる河川水等を用いる場合には，凝集沈殿の前か後にオゾン酸化処理を加えたり，砂沪過の後に生物活性炭処理を加えたりしている．また，砂沪過の代わりに限外沪過膜による処理を行っているところも増えてきた．家庭用の浄水器も膜沪過と活性炭で処理しているものが多い．しかし，病原菌を殺すための塩素消毒によって，発がん性のあるトリハロメタンをはじめとするさまざまな有害物質が生成してしまう．

　家庭排水などを処理する下水処理場や工場排水処理施設の多くは，自然沈殿と活性汚泥による好気性微生物分解で浄化されているが，藻類の異常増殖の原因になる窒素やリンなどの栄養素を除去（**脱窒，脱リン**）する必要がある場合には，微生物で窒素分を窒素ガスに還元して除去したり，カルシウム塩などの凝集剤でリン酸イオンを不溶性の塩にして沈殿除去する方法も使われている．また，下水や排水を再利用する場合などには，さらに砂沪過と生物活性炭処理を追加して少量の懸濁物質や水溶性有機物の除去が行われている．

　ただし，排水や河川水などにはさまざまな汚染物質が含まれているので，一部の物質だけを除去しても本当に"きれい"にはならないし，小規模の工場や家庭排水，農業・畜産排水などはまったく処理されないことも少なくない．このため，河川が汚れ，水生生物の成育や生息ができなくなる被害が各地で出ていることも忘れてはならない．

5・6　どこまできれいな環境が欲しいか

　台風による被害を風速が大きい空気のリスクだとか，熱波が空気の温度によるリスクだというようなことをいわなければ，リスクゼロの空気とは，どれだけ吸って

いても人の健康に害がなく，地球環境にも悪影響がない空気ということになる．これは理論的にはできそうな気がする．しかし，自動車が走り，たばこを吸う人や化粧をする人がいて，病原菌や病原ウイルスも多数存在する実際の人間社会の中で暮らして，有害物質をすべて排除することはできるであろうか．自動車がすべて電気自動車や燃料電池車になって，今のような排ガスが出なくなったとしても，電気をつくる発電所や燃料電池の燃料スタンドから何も排ガスが出ないようにできるであろうか．たばこや化粧品を全廃できるであろうか．病原菌や病原ウイルスを完全になくせるだろうか．また，物の燃焼によってできる二酸化炭素や有機物の腐敗によって生成するメタンや硫化水素，アンモニアなどをなくせるだろうか．風によって土砂がまき上がるのをなくすことができるであろうか．

また，リスクゼロの水とは，どれだけ飲んでも人の健康に害がなく，水生生物などにも悪影響がない水ということになる．しかし，人は純水を飲むのが良いわけではないし，魚などの水生生物も純水中では生きられない．水の中には必ずさまざまな無機イオンや有機物が含まれているし，空気中からもさまざまな物質が溶け込み，ウイルスや細菌も入ってくる．空気と絶対に触れない水を飲むことはできるであろうか．空気と触れなければ酸素も溶けないので魚は生きられない．ウイルスや細菌をなくすために消毒をすると，消毒副生成物ができてしまう．

リスクはゼロにならないが，リスクが大きくなりすぎても困る．高級な空気清浄器を通った空気を吸い，高級な浄水器を通った水を飲むことが，空気と水に関する極限のぜいたくにはならないことはすでに述べた．人工的に浄化しなくても人や他の生物が持続的に健全に生きていける空気と水を確保することこそが，最も難しく，最高のぜいたくといえよう．

現在および将来のリスクが小さく，安心が得られ，快適であると感じられる空気と水を確保する最高のぜいたくをするためには，以上に述べたような自然の作用をよく理解し，自然との持続的な共生を考えたうえで，リスクが小さいとは何か，安心や快適さはどうしたら得られるのかを追求し，広く伝え，人類社会全体で，そこに近づく努力を続ける以外にはないであろう．そのためには，それを支える実践的な環境科学の発展と教育こそが重要である．

参 考 文 献

・"環境白書（平成14年版）"，環境省編，ぎょうせい（2002）．

参 考 文 献

・ホームページ
　　エコケミストリー研究会　http://env.safetyeng.bsk.ynu.ac.jp/ecochemi/
　　環境省　http://www.env.go.jp/

[そのほかの参考書]
・浦野紘平, "みんなの地球 ― 環境問題がよくわかる本（改定増補版）" オーム社 (2001).

6

環境の負の遺産は修復できるか

　人間活動はこれまでさまざまな形で負荷を与え，環境を破壊してきた．原因となる人間活動を抑制し，負荷を軽減することによって，環境破壊は部分的には修復されてきている．わが国の大気や水質の状況は，たとえば大気中の硫黄酸化物や河川水中のBOD（生物化学的酸素要求量）など，項目によっては排出規制により改善されている．しかし，その一方で負荷を軽減しても容易には改善されない環境問題もある．このような人間活動が環境に残した傷跡は，人の手で修復することが望ましいが，いったん破壊された環境の修復には，破壊を防ぐよりもはるかに多くの経費がかかる．また，**環境修復**も人間活動の一つであり，それに伴い新たな負荷が発生する．多額の資金の投入を含め，修復にかかるもろもろのコストを社会が負担し，環境を修復するかどうかは，環境破壊がもたらした不利益とその修復がもたらす利益，さらには修復に要するコスト負担を考慮して，社会的な合意の下に決定されるべき問題である．さまざまな人間活動がもたらした生態系の破壊は，3章で別な命題の下で議論されているので，本章では，人間が環境に残してきた負の遺産に私たちはどのように対処すればよいかを，環境汚染，特に化学物質汚染を中心に考えていきたい．

6・1　人類は環境にどのような負の遺産を残してきたか

　生物や環境媒体など，複雑な要素で構成される自然生態系は一定の自己修復能を有している．植物が生産した有機物を動物が利用し，最終的には微生物によって分解されていく循環プロセスがその基本である．しかし，人間活動の規模や内容によっては，自然が有する機能では修復できない環境破壊をもたらすおそれがある．

　3章で詳しく述べたように，人間活動は多くの種を絶滅させ，森林面積を大きく減少させるなど，生態系に修復不能あるいは容易には修復できない傷跡を残してきた．それと並んで環境汚染にも過去の人間活動に起因する**負の遺産**が残されている．

6・1 人類は環境にどのような負の遺産を残してきたか

湖沼や内湾などの閉鎖系水域の富栄養化現象はいっこうに治まる気配をみせず，富栄養化湖沼中のCOD（化学的酸素要求量）は高いままで，できるだけ速やかに求められている水質環境基準の達成のめどがいまだに立っていないところも多い（表6・1）．窒素やリンなど，栄養塩類の流入がいっこうに減らないこともその一因であるが，過去に流入した栄養塩類の底質への蓄積も大きな要因の一つである．周辺からの栄養塩類の流入をゼロにしても，底質から栄養塩類が溶出し，それを利用して藻類が異常増殖するため，CODを低下させるには底質に蓄積した栄養塩類を除去する必要がある．

表6・1 富栄養化湖沼の汚染状況〔mg/L〕

湖沼名	COD		全窒素		全リン	
	2000年度	環境基準	2000年度	環境基準	2000年度	環境基準
霞ヶ浦（西浦）	8.9	3	1.0	0.4	0.12	0.03
印旛沼	11	3	2.2	0.4	0.12	0.03
手賀沼	15	5	3.2	1	0.26	0.1
諏訪湖	6.7	3	0.95	0.6	0.051	0.05
琵琶湖（南湖）	3.9	1	0.39	0.2	0.020	0.01
児島湖	9.2	5	1.6	1	0.19	0.1
中海	7.0	3	0.78	0.4	0.087	0.03
宍道湖	5.1	3	0.60	0.4	0.061	0.03

一方，科学技術の進歩が生み出した化学物質の多くは，従来は自然界に存在しなかったものであり，自然の循環プロセスの中では容易には分解されず，いったん放出されるといつまでも環境中に残留し，ヒトや生態系を脅かしつづけることになる．

このような環境残留性化学物質は多様な経路を経てヒトや生態系に影響を及ぼす．その一つが成層圏**オゾン層の破壊**である．対流圏大気中では有機物質の多くは**ヒドロキシルラジカル**（HO・）によって酸化分解されるが，四塩化炭素やフロン類等は分解が遅いため，地球全体に広がったうえ，成層圏に侵入する．これらの化学物質は成層圏ではエネルギーの強い紫外線を受けて分解され，発生した塩素がオゾンを破壊する．このため，成層圏オゾン層によって遮へいされていた生体に有害な作用を示す紫外線（UV-B）が地上に降り注ぎ，人の健康や生物を脅かすことが懸念されている．

6. 環境の負の遺産は修復できるか

オゾン層破壊能を有する化学物質（オゾン層破壊物質）は，1987年に採択されたモントリオール議定書の下で先進国と途上国に分けて設定されたスケジュールに従い，製造・使用が禁止されている（11章参照）．対流圏大気のオゾン層破壊物質の濃度は低下しているが，南極に出現するオゾン濃度の低いオゾンホールの面積はいまだ明確な減少傾向を示していない（図6・1）．しかし，国連環境計画（UNEP）の報告（1998年）によれば，モントリオール議定書のすべての締約国がスケジュールに従って対策を進めれば，オゾン層破壊は2020年までにはピークを迎え，成層圏大気のオゾン層破壊物質の濃度も2050年までには1980年以前の水準に戻ると予測されている．

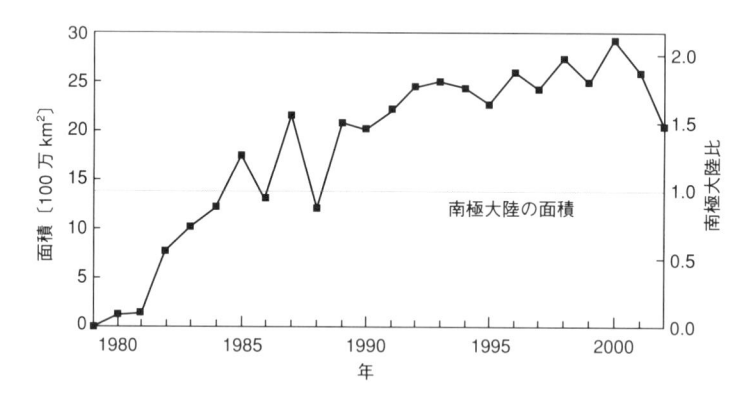

図6・1　オゾンホールの規模の推移［"オゾン層観測報告2002"，気象庁，p.37（2003）］

オゾン層破壊以上に侵入を止めるだけでは容易に改善されないのが土壌，地下水や底質の汚染である．**土壌汚染**はわが国で最も早く社会問題化した環境問題の一つである．1890年ごろから栃木県足尾鉱山から流出したヒ素や銅により発生した渡良瀬川流域での土壌汚染の問題は当時の国会でも取上げられ，1村が移転する事態にまで発展した．富山県の神通川流域でカドミウムによる深刻な健康被害が顕在化したのはその90年近く後のことである．汚染農地から収穫された米が，イタイイタイ病の原因物質とされるカドミウムの主要な暴露経路の一つであることが判明し，重金属等による農用地土壌汚染が問題となった．これがきっかけとなり，1970年に"農用地の土壌の汚染防止等に関する法律"が制定され，汚染原因者の費用負担の下で国や都道府県が浄化対策を進めている．

6・1 人類は環境にどのような負の遺産を残してきたか

　その後，市街地土壌でもさまざまな化学物質による汚染が見つかり，事業者による自主的な調査や地方自治体の条例や要綱に基づく調査が増えてきたことから，汚染の判明件数が急激に増加している（図6・2）．市街地土壌汚染は計画的な調査が難しく，汚染実態は十分に把握できていない．しかし，新たに制定された**土壌汚染対策法**では，土壌から溶出した化学物質を含む地下水を飲用することによる健康リスクに対する溶出量の基準値，子供が土遊びで汚れた手を直接口にもっていくなど，土壌の直接摂食による健康リスクに対する含有量の基準値，さらには深層土壌にまで入りこんだVOCs汚染の有無を判定する目安として土壌ガスの定量下限値が示されており（表6・2），これらに基づいて正確な汚染実態が明らかになっていくと考えられる．

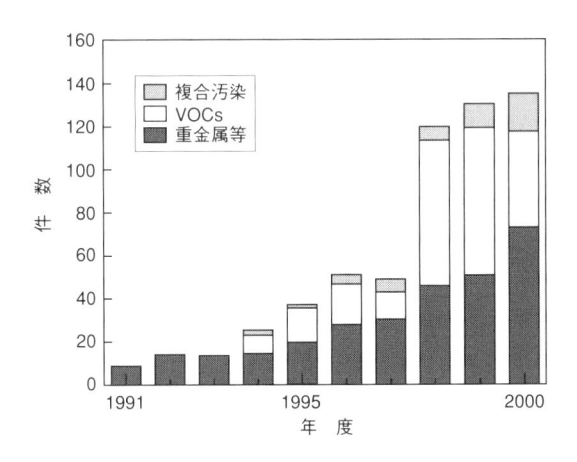

図6・2　土壌環境基準の超過が判明した件数（年度別）

　土壌汚染と密接な関連をもつ地下水汚染の全国的な広がりを明らかにしたのは，1982年に18物質を対象に環境庁が実施した地下水調査である．この調査では，トリクロロエチレンやテトラクロロエチレンが人の健康リスクが懸念されるレベルで数％の井戸から検出された．1989年度からは地下水汚染の水質測定計画に基づく調査が実施され，ヒ素や鉛といった自然由来の重金属等，トリクロロエチレンなどのVOCs，肥料等に由来する硝酸性・亜硝酸性窒素など，多様な化学物質が地下水から検出され，2002年度の調査では7％を近くの井戸で環境基準超過がみられた（図6・3）．

表 6・2　土壌汚染対策法の指定基準

特定有害物質	土壌溶出量基準〔mg/L〕	土壌含有量基準〔mg/kg〕	土壌ガス定量下限〔ppmv〕
第一種特定有害物質			
四塩化炭素	0.002 以下	—	0.1 以下
1,2-ジクロロエタン	0.004 以下	—	0.1 以下
1,1-ジクロロエチレン	0.02 以下	—	0.1 以下
cis-1,2-ジクロロエチレン	0.04 以下	—	0.1 以下
1,3-ジクロロプロペン	0.002 以下	—	0.1 以下
ジクロロメタン	0.02 以下	—	0.1 以下
テトラクロロエチレン	0.01 以下	—	0.1 以下
1,1,1-トリクロロエタン	1 以下	—	0.1 以下
1,1,2-トリクロロエタン	0.006 以下	—	0.1 以下
トリクロロエチレン	0.03 以下	—	0.1 以下
ベンゼン	0.01 以下	—	0.5 以下
第二種特定有害物質			
カドミウムおよびその化合物	0.01 以下	150 以下	—
六価クロム化合物	0.05 以下	250 以下	—
シアン化合物	検出されないこと	50 以下（遊離シアンとして）	—
水銀およびその化合物	水銀が 0.0005 以下かつアルキル水銀が検出されないこと	15 以下	—
セレンおよびその化合物	0.01 以下	150 以下	—
鉛およびその化合物	0.01 以下	150 以下	—
ヒ素およびその化合物	0.01 以下	150 以下	—
フッ素およびその化合物	0.8 以下	4,000 以下	—
ホウ素およびその化合物	1 以下	4,000 以下	—
第三種特定有害物質			
シマジン	0.003 以下	—	—
チオベンカルブ	0.02 以下	—	—
チウラム	0.006 以下	—	—
ポリ塩化ビフェニル	検出されないこと	—	—
有機リン化合物	検出されないこと	—	—

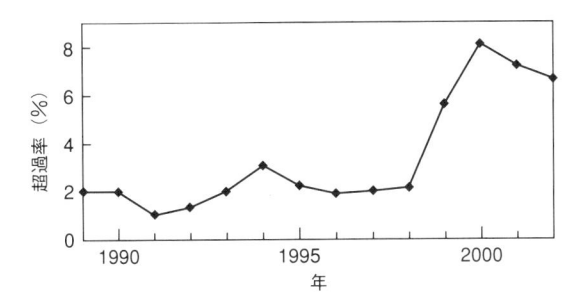

6・1 人類は環境にどのような負の遺産を残してきたか　　91

図6・3　概況調査における超過率の経年変化

　土壌や地下水中での化学物質は，動きが遅いため拡散，希釈されにくく，重金属等や難分解性のVOCsは，地下水や土壌中に長い間残留する．地下水汚染を長期にわたりモニタリングした例は多くはないが，一般的には地下水濃度の変化は遅い．$1000 m^3$あまりの汚染土壌を除去した事例でも，この対策によってトリクロロエチレン濃度は一挙に3桁低下したが，環境基準を満足するまでにはさらに10年がかかっている．また，土壌ガス吸引や地下水揚水の対策を行って数トンのトリクロロエチレンを除いた例でも，環境基準を達成するには長い時間がかかると見込まれる（図6・4）．

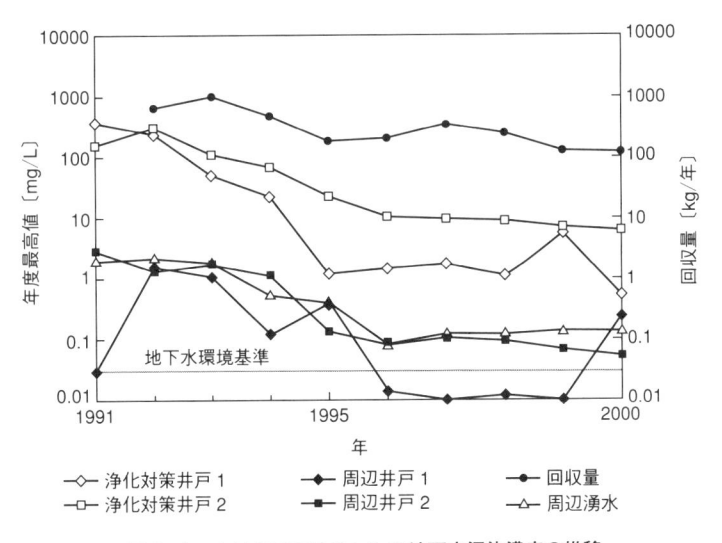

図6・4　トリクロロエチレンの地下水汚染濃度の推移

6・2 POPsの汚染はなぜ，地球規模まで広がったか

底質や土壌での蓄積・残留が問題となるのが，**POPs**（環境残留性有機汚染物質；Persistent Organic Pollutants）である．POPsは分解されにくいうえに水に溶けにくく，生体内に蓄積するため，ごく微量の暴露でも長い間続くと生体内で高濃度になり，生体にさまざまな障害をもたらすおそれがある．POPsは有機分を多く含む底質や土壌に蓄積するため，環境への侵入を止めた後も，底質や土壌から供給されたPOPsがいつまでも水質を汚染し，ヒトや生物が暴露され続けることになる．

環境省の化学物質環境汚染実態調査（通称，黒本調査）では，1978年度から生物中のPOPs濃度を調べる生物モニタリングを続けている．POPsが生物に蓄積しやすい性質を利用したもので，魚，貝や鳥類の体内濃度のモニタリングを続けているが，わが国ではすでに25年以上前に製造・使用等が禁止されたPOPsが，いまだに高い頻度で検出されている（図6・5）．アルドリンなど，一部のPOPsの濃度は比較的速やかに低下したが，PCB，ディルドリンやDDTなど，多くのPOPsは依然として検出されている．水質や底質も継続的にモニタリングされており，水質からはほとんど検出されないが，底質からはいまだに検出されており，水生生物へPOPsを供給し続けていると考えられる．

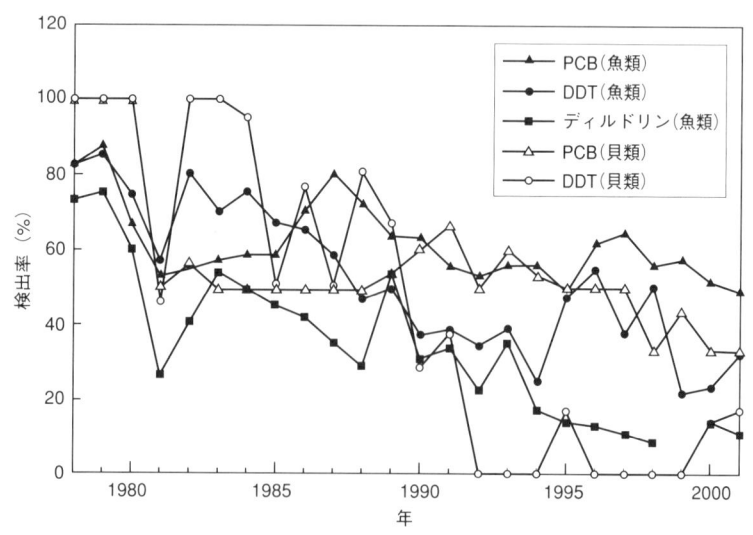

図6・5 生物モニタリングにおける検出割合の推移［環境省，"平成14年度版化学物質と環境"より作成］

6・2 POPsの汚染はなぜ，地球規模まで広がったか

さらにPOPs汚染は地球規模での広がりを懸念されている．外洋の海洋哺乳動物や北極圏に住むイヌイットの人たちの体内から高濃度のPOPsが検出されている．POPsは一般に揮発性は低く，水にも溶けにくいため，オゾン層破壊物質のように広範囲に拡散するとは考えにくい．しかし，環境中で分解されにくいことと生物への蓄積が大きいことがPOPsを地球規模で拡散させることになった．POPsの拡散には，海流の動きや渡り鳥などの生物による移動も考えられるが，大気の流れに乗った移動が大きな寄与をしていると考えられる．大気中のPOPs濃度はごく低く，大気から移行する海水中の濃度も低くなるが，高い生物蓄積性が食物連鎖を通じて極地方の生態系にPOPs汚染の広がりをもたらしていると思われる．海水の濃度に比べて海洋哺乳動物の体内濃度はPOPsによっては数千万倍にも濃縮される（図6・6）．

地球規模での汚染の広がりを受けて，POPsについても国際的に協調して問題の解決を図るための条約（残留性有機汚染物質に関するストックホルム条約）が採択されている．この条約の対象としているPOPsには，PCB，DDTなど，工業的に製造・使用されたものと，ダイオキシン類など，人間活動に伴う非意図的生成を起源とするものが含まれる．わが国では意図的な製造・使用はすでに原則として禁止されている．しかし，製造・使用の禁止に伴い，回収された未使用のものや使用済製品に含まれていたPOPsが分解・無害化されずに，保管あるいは埋設処分されている．

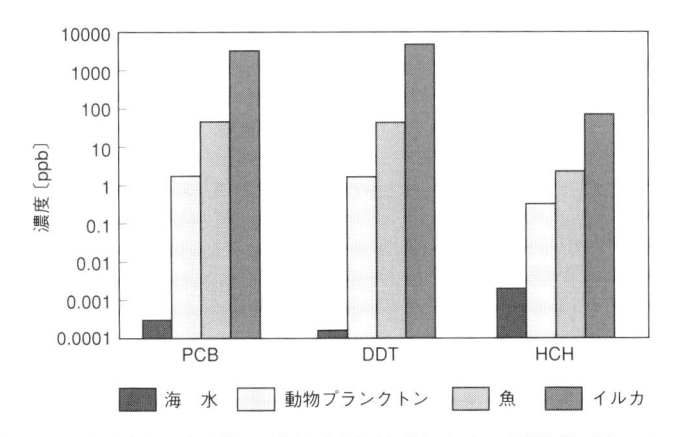

図6・6 **食物連鎖による化学物質の生物濃縮** [立川 涼，水質汚濁研究, 11, 148 (1988) より作成]

わが国では約 60,000 トンの PCB が製造・輸入され，54,000 トンが絶縁油，熱媒体，感圧紙のインクなどに用いられた．未使用だった PCB は熱分解処理されたが，回収されたトランス（変圧器）やコンデンサーなどの製品に含まれた PCB は社会的な合意が得られないまま，処理できず，保管されている．また，DDT やディルドリンなどの有機塩素系農薬は，未使用のものが回収され，埋設処分された．現時点では条約が対象としていない BHC〔ベンゼンヘキサクロリド，1,2,3,4,5,6-ヘキサクロロシクロヘキサン（HCH）のこと〕も含めて全国で約 4000 トンの有機塩素系農薬が埋設処分されている．

このような PCB 廃棄物や埋設農薬も過去の人間活動が残した負の遺産である．保管されているはずの PCB の一部が行方不明になっており，環境中に漏出している可能性が高いことなどから，法律を制定して保管されている PCB 廃棄物処理の促進が図られている．また，埋設農薬についても条約への対応から処理・処分方法が検討されている．

ダイオキシン類も POPs の一つである．もっぱら非意図的な生成を起源とするため，これからの排出抑制が重要な課題となるが，過去の不純物としてダイオキシン類を含む農薬の使用や廃棄物の焼却処理などが残した土壌や底質汚染の修復も大きな課題となっている．土壌汚染については土壌の直接摂食，また底質については飲料水や魚介類を通じた暴露による健康リスクに対して環境基準が設定されている．環境基準を超える土壌汚染は一部の廃棄物焼却施設の周辺でみられる程度であるが，環境基準を超えない土壌も水域に流入して環境基準を超える水質や底質汚染をひき起こすおそれがある．一方，2002 年度の底質中の調査では 1553 地点中 26 地点で環境基準を超えるダイオキシン類が検出されており，魚介類を通じたヒトへの暴露が懸念されている．

6・3　環境の修復にどれだけのコストがかかるか

破壊された**環境の修復**は，一般には未然防止を大きく上回る**コスト**がかかる．種の絶滅など，回復不能な破壊は無限大のコストがかかるとも解釈できるが，修復可能な環境汚染についても排出抑制に比べはるかに多くのコストがかかる．有機水銀化合物の汚染がひき起こした水俣病について，健康と漁業の被害額や底質汚染の除去のコストと，汚染を未然に防止する場合の排出抑制の対策コストを比較すると[1]，1989 年度の価格換算で約 126 億円/年の被害額に対し，未然防止の対策コストはその 1/100 の約 1 億円/年にすぎないと見積もられている．汚染された底質のしゅ

んせつ・処分に要するコストだけをみても，未然防止対策の35倍近くかかっている．

排ガスや排水中の高濃度の汚染物質を除去するのに比べ，大気や水の中に拡散している低濃度の汚染物質を除去するのは格段に難しく，より多くのコストを必要とするのは容易に想像できる．また，排ガスや排水など，設備を設けて行う場合は適切な条件を選んで処理できるが，現場で修復する場合は対象地点の条件が制約となり，必ずしも最適の条件で技術を適用できるとは限らないこともコストを増大させる要因の一つである．

もう一つの修復コストを増大させる要因は，調査にコストがかかる点である．土壌汚染対策法では，有害物質を取扱う特定施設等を廃止するときに土壌汚染の有無の点検を土地所有者等に求めている．$100 m^2$ に1箇所で土壌等の調査が求められており，従来の調査指針の $1000 m^2$ に1箇所に比べて10倍の調査が必要となる．これまでの土壌汚染事例の約2割は $100 m^2$ 以下の汚染の広がりしかもたず（図6・7），

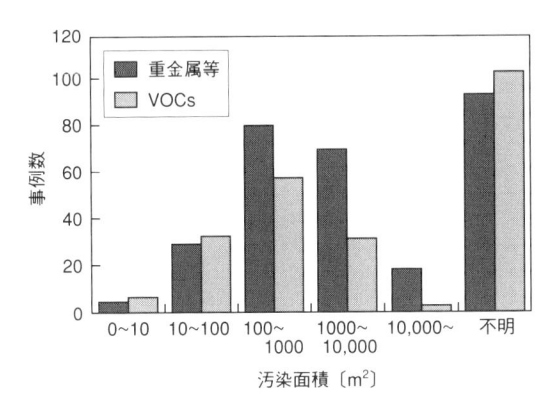

図6・7 **市街地土壌汚染の汚染面積分布**［環境省，"平成12年度土壌汚染調査・対策事例及び対応状況に関する調査結果の概要" p.17］

$100 m^2$ に1箇所の調査でも土壌汚染を見落とすおそれがあるが，調査にも多くのコストがかかることを勘案して $100 m^2$ に1箇所に設定された．また，地下浸透しやすいVOCsは地下水の流れる帯水層近くの深層土壌を汚染する可能性が高いが，汚染の有無を調べる段階で過大な負担を求めることはできないとして，表層土壌ガス濃度を調べて深層汚染の有無を判定する方法を採用している．帯水層の水の下や粘土層の中に潜り込んだVOCsを表層土壌ガスの調査で見つけだすことは容易で

はないが，ボーリング調査にはコストがかかるため，このような方法が採用された．

対策を実施する際にも調査にコストがかかる．汚染状況を正確に把握しないと，適切な技術を選定することができない．VOCsの地下水汚染では，汚染源の土壌中に原液状の汚染物質が存在する場合が多い．おざなりの調査では，この原液状の汚染物質を見つけられず，対策を実施しても，元を断つことができないため，いつまでも修復されず，コストが膨れあがることになる．しかし，調査にあまりにも多くの費用を使いすぎると，資金不足から修復対策を不十分なままで終了せざるをえなくなるおそれがあり，うまくバランスをとって調査と対策を実施する必要がある．

環境修復にどれだけのコストがかかるかを見積もるうえで，修復しなければならない破壊がどれだけあるかが問題となる．土壌，地下水や底質の調査は必ずしも体系的に行われないため，修復が必要な汚染地点がどれだけあるかを正確に見積もるのは難しいが，市街地土壌汚染の修復が必要な地点の数については，いくつかの試算がある．このうち，土壌環境センターの試算[2]では，製造業の土地の大半と非製造業の土地の一部，合計約93万の土地で土壌汚染調査を行うことが望ましく，業種別に汚染が見つかる率を考慮すると，重金属等やVOCsによる汚染のおそれがある地点はそれぞれ約84,000箇所と約239,000箇所と見積もっている．

土壌や底質汚染の修復にどれだけコストがかかるかは，汚染物質の種類，汚染濃度レベルなどの汚染状況，目標とする修復レベルや対策完了までの期限など，多くの要因が絡むため，標準的なものを示すことは難しい．土壌環境浄化フォーラムは，VOCsの土壌汚染の修復費用を土壌 $1m^3$ 当たり 9000 ～ 90,000 円程度と試算している[3]．総コストは汚染の規模で当然異なるが，小規模事業場では数千万円～10億円，大規模事業場では数億円～数十億円のコストがかかるとしている．かりに1箇所につき1億円のコストがかかるとすると，VOCsの土壌汚染のおそれのある239,000箇所を修復するのに24兆円が必要となる．わが国の土壌汚染の一部を修復するだけでこれだけのコストがかかることになり，地球規模に広がっているさまざまな環境破壊のすべてを修復するのに要するコストは膨大な額となる．

6・4 環境の修復は何をもたらすか

人間活動はこれまでにさまざまな種類の環境破壊をひき起こしてきた．このため，環境破壊がもたらす被害も多岐にわたるが，最も深刻な被害は人の健康被害である．わが国では水俣病やイタイイタイ病など，重篤な公害病を経験したが，いずれも海域の水質，底質や農用地土壌の残留性の汚染がもたらした健康被害である．水俣病

について§6・3で被害額と対策費用を金額換算で比較したが，人の命は本来は金で償うことのできないものである．

　直接環境に接している生物は人間以上に環境破壊の影響を受けやすい．3章で詳細に述べているように，多くの生物種が絶滅し，あるいはその危機にある．生物個体の生死を人と同等に扱うかどうかは議論が残るが，種の絶滅，さらには生態系の破壊は，その一部を構成する人類の存続をも脅かすおそれがあり，環境破壊がもたらす深刻な影響の一つである．

　環境修復には環境破壊がもたらす被害を軽減する役割が期待される．特に，深刻な健康被害が顕在化した汚染については，環境修復が健康被害の発生を防ぐ効果をもたらす．新たな水俣病の発生を防ぐために，暫定除去基準を超過する水銀汚染底質の調査と除去対策が進められた．PCBについても同様に汚染底質の除去が進められ，2001年度末には水銀は暫定基準を超えた24水域のすべてで，PCBは79水域中77水域で対策が完了している．一方，イタイイタイ病の発生を契機として始まった農用地土壌汚染の修復も，2002年11月末で72.17 km^{2}の農用地でカドミウムが土壌環境基準を超えて検出されたが，59.97 km^{2}で対策が完了している．これらの修復によって水俣病やイタイイタイ病など，深刻な健康被害の新たな発生を防ぐとともに，作物の生育阻害による被害も防いでいる．

　環境の修復は健康被害の防止以外にもさまざまな利益をもたらす．植林などによる生態系の修復は，生物多様性を維持し，将来世代が持続的に生存し続ける基盤を提供することになる．また，底質に蓄積した栄養塩類の除去は，湖沼での藻類の異常増殖をなくし，有機汚濁を低減させる．これはトリハロメタンの発生の抑制につながるとともに，浄水処理を容易にし，処理コストの低減をもたらす．また，赤潮の発生を防ぐことができれば，水産魚介類への被害の発生を防ぐことができる．さらに，土壌中の油分を除去することは，悪臭の発生，魚介類への着臭，植物の生育阻害などの被害の発生を防ぐことができる．

6・5　環境の負の遺産は修復できるか

　種の絶滅など，修復不能なものもあるが，環境破壊の多くは技術的には修復が可能である．しかし，修復には多大なコストがかかり，環境修復に社会がどれだけの投資を行うかが，対策を実施できるかどうかを大きく左右する．この意志決定は，修復にかかるコストと修復によって得られる利益を比較して，社会的な合意の下でなされるものと考えられる．合意形成の方法としては社会として一律のルールを定

めるか，地点ごとの複雑な条件を考慮し，それぞれ意志決定を行うか，二つの考え方がある．健康保護のための排出規制では，社会的に合意された一定のルールの下で一律な対応が行われているが，多くのコストを必要とする環境修復については，人の命や健康を金額換算した**費用効果分析**の結果に基づいて一律の意志決定を行うのが適当かどうかを考える必要がある．

　環境修復に対する意志決定を行った例の一つとして，瀬戸内海の豊島(てしま)で発生した廃棄物の不法投棄の事例をみてみよう．不法投棄された産業廃棄物の撤去を求めて，住民が公害調停を申請した事件である[4]．申請を受けて，調停委員会が対策の必要性の判断と対策案の策定のために調査を実施し，調停を進めた結果，廃棄物を撤去し適切に処分することで合意がなされた．専門家による検討会がまとめた案に従い，本格的な対策がようやく始まり，今後10年間かけて廃棄物が撤去される予定であるが，総コストは数百億円にのぼるものと考えられる．顕在化していない健康被害を防ぐために数百億円のコストは過大とする考えもあるかもしれないが，長年にわたって受けた精神的な被害等をも考慮して公害調停が成立したものと解釈される．青森県と岩手県の県境付近で起こった不法投棄についても数百億円以上にのぼる費用をかけた廃棄物の撤去が行われる見通しである．

　環境破壊の多くは過去の人間活動がひき起こしたものであり，当時は必ずしも規制されていなかった場合が多い．そのような場合，過去の行為の責任を問うて原因者にコスト負担させることには議論があるかもしれない．市街地土壌汚染の多くも規制以前の人間活動によってひき起こされたものが多いと思われる．しかし，土壌汚染対策法では，土壌汚染が飲用に供されている周辺の地下水等を汚染し，人の健康を現に阻害し，あるいは将来そのおそれがあることなどを考えて，土地所有者等や汚染原因者に対して調査や対策の実施を求めている．環境修復には多大なコストがかかることや，当時は不法とされていなかった行為によってひき起こされたものである点を考慮して，環境修復のコストを汚染原因者と土地所有者等にすべて負担させるのか，社会全体としても一定の負担を行っていくのか考える必要がある．

　土壌・地下水中の汚染物質を直ちに取除いてきれいにすることも，技術的には不可能なわけではない．しかし，たとえば土壌中にトリクロロエチレンの原液が存在すると，その周囲の地下水からは環境基準の1万倍を超えるトリクロロエチレンが検出されている．この地下水が環境基準を満たすには，トリクロロエチレンの存在量を1万分の1以下にしなければならない．複雑な条件が絡む実際の汚染現場で，トリクロロエチレンをここまで除去するのは容易ではない．技術的には可能でも，

多くのコストが必要となる．

　現実には，破壊された環境の修復は短期間で完了するとは考えにくい．これまでの地下水汚染の修復事例をみても，地下水濃度の低下が緩慢で，環境基準を満たすまでには長い時間がかかると予想される例も少なくない．放置しておくと回復不能となる深刻な被害が顕在化している場合には直ちに修復することが必要となるが，長期微量の暴露が問題となる化学物質による土壌，地下水や底質の汚染は，水道水源の切替えや汚染食品の販売禁止などによって暴露を防ぐとともに，時間をかけて修復を行うことも現実的な選択肢の一つと考えられる．

　汚染物質の大部分を取除いても環境基準をわずかに上回る状況が続く場合がある．このような場合は，あまり維持管理のいらない技術を用いないと，修復完了までに要するコストは大きなものとなる．土壌・地下水中で遅いながらも分解される有機汚染物質は，汚染状況をモニタリングするとともに，暴露を防ぎながら自然の修復機能にゆだねる**科学的自然減衰**（Monitored Natural Attenuation）も一つの方策である．この考え方は当初から汚染レベルの高くない場合にも適用できる．

　土壌汚染対策法では，汚染が見つかった場合に状況に応じたリスク低減措置を求めているが，原則として実施すべきとされた措置は暴露を防止する措置である．土壌汚染対策法では，調査方法についても，リスク低減措置についても，コスト負担に配慮して対処方法を定めている．これは一つの社会的合意の結果といえる．しかし，その一方で，汚染物質の除去されていない土地は指定区域として将来的にも記録を残していくことにしており，必ずしもリスク低減措置を実施することによって，将来のリスクがなくなったとはしていない．

　環境破壊の修復に社会全体がコストを負担することは，銀行が抱える不良債権の処理に公的資金が投入され，結局は国民が負担するのと似ている．環境破壊の修復も不良債権の処理も個々人の行為によってひき起こされた負の遺産の解消に国民の税金を投入することになる．銀行の不良債権の処理と破壊された環境の修復はいずれも実施することが望ましいが，多額のコストを必要とする．何を優先して実施していくかについては，社会的な合意が必要と考えられる．修復によって得られる良好な環境と不良債権の処理によって得られる経済の回復のどちらを優先させるかは，心の豊かさと物の豊かさのいずれを求めるかという，環境問題を考える際に必ず出てくる命題に帰着する．

　環境問題への取組みは**社会的なコスト負担**を求める一方で，環境ビジネスという新たな分野の仕事を生み出す．環境省の推計では，わが国における環境ビジネスは

2010年には約40兆円の市場規模を有すると試算されている（表6・3）．そのうち，土壌や地下水汚染の浄化は約6.5億円にすぎないが，1997年と比べて17倍以上と大幅な伸びが予想されている．§6・3で示した土壌・地下水汚染の修復に要するコスト試算をみると，さらに大きな伸びも予想される．生態系保全のための自然環境の修復などを含めると，環境修復にかかるビジネスの規模はさらに大きくなる可能性がある．しかし，現在の環境ビジネスの大きな部分を占めている排ガス，排水や廃棄物の処理やリサイクルなどが，将来的にも持続的に必要となる環境ビジネスであるのに対し，環境修復にかかる環境ビジネスはいずれは成立しなくなる．

表6・3　わが国のエコビジネス市場規模の現状と将来予測についての推計

エコビジネス	市場規模〔億円〕 1997年	市場規模〔億円〕 2010年
環境汚染管理	142,140	188,430
大気汚染防止	3,052	3,719
排水処理	53,335	80,823
廃棄物処理	81,189	92,010
土壌，水質浄化	371	5,633
騒音，振動防止	1,571	2,703
環境測定，分析，アセスメント，データ収集	2,549	2,659
教育，訓練，情報提供	21	348
その他	51	534
環境負荷低減技術および製品	2,256	5,464
環境負荷低減および省資源型技術，プロセス	0	2,500
環境負荷低減および省資源型製品	2,256	2,964
資源有効利用	103,031	207,049
水供給	288	1,051
再生素材	37,451	88,506
再生可能エネルギー設備	1,690	7,109
その他（自然保護，生態環境，生物多様性等）	7,560	24,949

出典："環境白書（平成14年版）"，環境省編，ぎょうせい（2002）より改編．

　容易に修復できない環境破壊はわれわれが将来世代に残す大きな負債である．人類が持続的な発展を続けていくためには，新たな破壊の発生を防ぐことはもちろん，過去の行為が残した負の遺産を解消する必要がある．環境修復に要する膨大なコストを考えると，直ちにすべてを解消することは難しいと考えられるが，修復が遅れれば遅れるほど，破壊された環境がもたらすリスクに脅かされるだけでなく，その

利用が妨げられ続けることになる．土壌汚染を例にとれば，汚染の存在は土地の価値を低下させ，その利用を制約し，土地の所有者に大きな負担を強いることになる．環境破壊についてはこのような問題の存在を社会が正しく認識することが重要であり，その下で社会的な合意を形成して適切な対応を考えていくことが求められている．

参 考 文 献

1) 地域環境経済研究会編著，"日本の公害経験 —— 環境に配慮しない経済の不経済"，合同出版（1991）．
2) 土壌環境センター，"我が国における土壌汚染対策費用の推定"，土壌環境センター（2000）．
3) 土壌環境浄化フォーラム，"土壌汚染対策プロセス調査研究報告書"，土壌環境浄化フォーラム（1995）．
4) 佐藤雄也，端 二三彦，廃棄物学会誌，**12**，106（2001）．

[そのほかの参考書]
・"環境リスクマネジメントハンドブック"，中西準子，蒲生昌志，岸本充生，宮本健一編，朝倉書店（2003）．
・酒井伸一，"ダイオキシン類のはなし"，日刊工業新聞社（1998）．
・"土壌・地下水汚染と対策"，環境庁水質保全局（水質管理課・土壌農薬課）監，平田健正編著，日本環境測定分析協会（丸善）（1996）．

7

事業者による自主管理で環境は守られるか

　環境問題やそれによる被害の発生を防止する対策は，問題を発生させた原因者が行うのが基本である．環境問題が顕在化した当初は，深刻な被害が発生していたため，規制を行って原因者に対策を強制する形で問題の解決が図られてきた．しかし，環境問題の多様化と予防的な対応への要求の高まりから，原因者の自主的な対策を促すことで，問題の解決を図る取組みが進められるようになってきた．また，規制を補う手段として自主的な対策を促進するのではなく，自主的な取組みを優先し，それで問題が解決しない場合に**規制**を行うという考え方が出てきている．本章では，化学物質汚染の問題をおもに取上げ，事業者による**自主管理**を中心とした取組みでどこまで環境を守ることができるかどうかを考えていきたい．

7・1　環境破壊とそれがもたらす被害をどのように防ぐか

　人間活動は，汚染物質の排出，森林の伐採，地下水のくみ上げなど，環境に対してさまざまな負荷を与える．これらの環境負荷が環境汚染，砂漠化，地盤沈下など，さまざまな環境破壊をひき起こす．この環境破壊の影響はさまざまな経路で人に跳ね返ってくるが，生物も一緒にその巻き添えになっている．

　環境破壊の被害から人や生物を守るには，この連鎖を断ち切る必要がある（図7・1）．最も望ましいのは，問題の根元を断つこと，すなわち環境破壊の原因となる人間活動を制限することである．たとえば，有害な化学物質の製造や使用を禁止したり，自然環境を破壊する行為を制限する．わが国では複数の法制度の下で，製造・使用する前に化学物質の審査を行い，有害な化学物質の製造・使用等を規制している．また，自然環境を破壊するおそれのある大規模な開発行為に対しては，それがもたらす環境影響をあらかじめ評価し，影響を発生させないように配慮する**環境アセスメント**の実施を義務づけている．

　しかし，人間活動を制限することは，別な面で人類の生存に大きなリスクをもた

7・1 環境破壊とそれがもたらす被害をどのように防ぐか

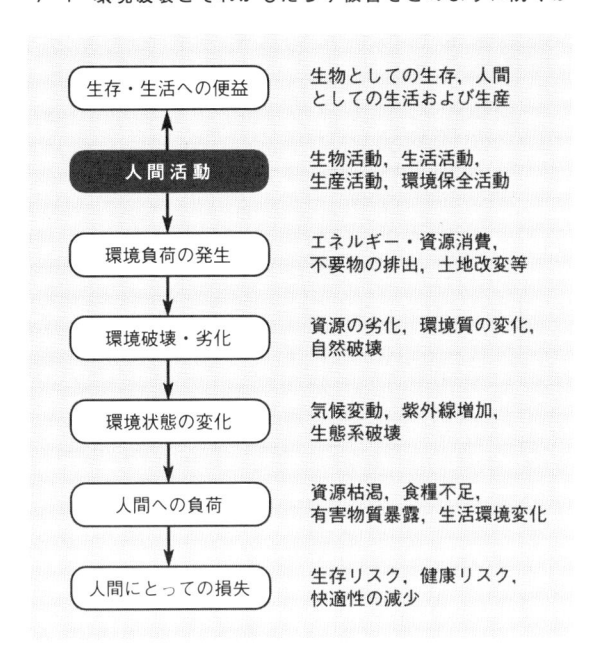

```
生存・生活への便益    生物としての生存，人間
                      としての生活および生産
     ↑
  人間活動           生物活動，生活活動，
                      生産活動，環境保全活動
     ↓
  環境負荷の発生      エネルギー・資源消費，
                      不要物の排出，土地改変等
     ↓
  環境破壊・劣化      資源の劣化，環境質の変化，
                      自然破壊
     ↓
  環境状態の変化      気候変動，紫外線増加，
                      生態系破壊
     ↓
  人間への負荷        資源枯渇，食糧不足，
                      有害物質暴露，生活環境変化
     ↓
  人間にとっての損失  生存リスク，健康リスク，
                      快適性の減少
```

図7・1　人間活動による環境破壊と影響の流れ

らす．たとえば，われわれは多様な化学物質に支えられて生活しており，化学物質なしで生活することが困難になっている（図7・2）．おもに化学繊維でつくられる衣服，食糧生産に必要な農薬や肥料，多様なプラスチックが使われている建材など，衣食住も化学物質に大きく依存している．さらに人の健康も化学物質によって守られている．医薬品の多くは化学物質であるし，害虫の駆除にも多様な化学物質が使われている．農薬や肥料をまったく使用せずに，地球上の急増する人口を養えるだけの食糧を生産できるだろうか．また，マラリアが流行し，人の健康を脅かしても，マラリア蚊の駆除にDDTを用いるのをやめるべきだろうか．人の健康や生物に対してまったく無害でなくとも，有用な化学物質は使用していかないと，人類の持続的な生存に大きなリスクをもたらす．しかし，それらの化学物質の製造・使用等にあたっては環境への排出をできるだけ抑制していく必要がある．

このように環境破壊を未然に防ぐことがまず大切であるが，破壊された環境を修復することも大切である．いったん破壊された環境はなかなかもとには戻らない．環境破壊がもたらす被害を防ぐには，破壊された環境を人の手で修復する必要があ

7. 事業者による自主管理で環境は守られるか

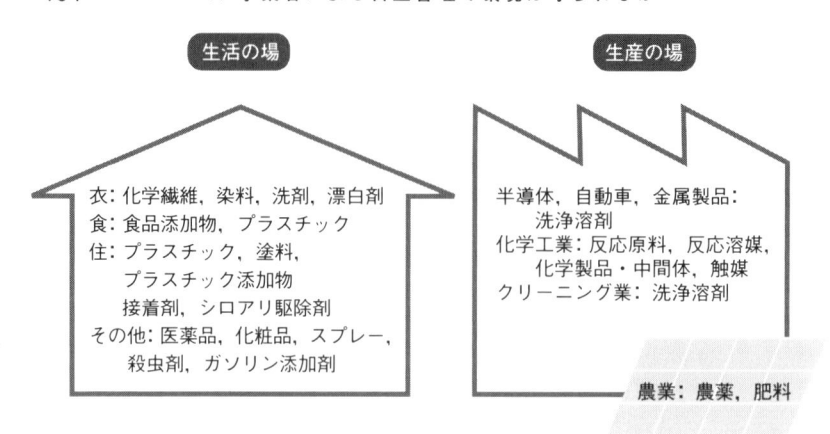

生活の場

衣：化学繊維，染料，洗剤，漂白剤
食：食品添加物，プラスチック
住：プラスチック，塗料，
　　プラスチック添加物
　　接着剤，シロアリ駆除剤
その他：医薬品，化粧品，スプレー，
　　　　殺虫剤，ガソリン添加剤

生産の場

半導体，自動車，金属製品：
　洗浄溶剤
化学工業：反応原料，反応溶媒，
　　　　　化学製品・中間体，触媒
クリーニング業：洗浄溶剤

農業：農薬，肥料

図7・2　身のまわりのおもな化学物質

る．破壊された環境の修復には大きなコストを必要とし，また一般に長い時間がかかる．たとえば，地下水汚染の修復では，土壌から汚染物質を取除いても，地下水が環境基準を満たすようになるまでには長い時間がかかる（6章参照）．このため，修復されるまでの間環境破壊から人や生物が受ける被害を防ぐ対策が必要となる．たとえば，環境汚染の被害を防ぐには汚染された飲料水や食品の供給を止める必要がある．また，防音工事も，騒音による被害の発生を防ぐ対策である．

　これらの対策を実施するうえで基礎となるのが環境調査であり，問題の発見，実態の把握や対策効果の**モニタリング**など，さまざまな目的で多様な環境調査が行われている（表7・1）．まず対策の必要性を判断するには，問題をいち早く見つけることが大切となる．地球温暖化は大気中の二酸化炭素濃度の継続的なモニタリング結果に基づいて指摘された環境問題であり，内分泌撹乱化学物質（いわゆる環境ホルモン）も野生生物の観察から見いだされた生態系の異常との関連から人や生物への影響が懸念されるようになった．このような環境状態の異常は継続的なモニタリングによって見いだされる．わが国では，化学物質による環境汚染の状況を点検する調査が1974年度から体系的に始められている．一方，被害の発生から問題を発見するためには，自然環境の状態を監視する自然環境保全基礎調査がおおむね5年ごとに行われ，環境汚染による健康影響の状況を監視するためには環境保健サーベイランス調査が行われている．

　これらの調査で発見された問題について，対策の必要性を判断するためには問題の詳細な実態把握が必要である．化学物質汚染については，1982年に地下水汚染

7・1 環境破壊とそれがもたらす被害をどのように防ぐか

表7・1 わが国で実施されているおもな環境汚染調査

目的	調査名	対象媒体	対象項目	実施年度
問題の発見	化学物質環境汚染実態調査（化学物質環境調査）	大気, 水質（表流水[†1]), 底質, 生物	プライオリティリストから選択	1974年度～
	要調査項目調査	水質, 底質	要調査項目[†2]	1988年度～
	未規制大気汚染物質モニタリング調査	大気	VOCs, ダイオキシンなど	1985年度～
	農用地土壌汚染対策細密調査	農用地土壌	カドミウム, ヒ素, 銅	1970年度～
汚染実態の把握	全国環境（水質, 底質）調査	水質, 底質	水銀, PCB	1973年度
	有害物質による地下水汚染実態調査	地下水	VOCs など18項目	1982年度
	要監視項目調査	水質	要監視項目[†3]	1994年度～
	ダイオキシン類緊急全国一斉調査	大気, 降下ばいじん, 水質, 底質, 土壌, 生物	ダイオキシン	1998年度
	環境ホルモン緊急全国一斉調査	大気, 水質, 底質, 土壌, 水生生物, 野生生物	環境ホルモンの疑いのある物質	1998年度
継続的なモニタリング	大気汚染状況の常時監視	大気	硫黄酸化物, 窒素酸化物, 浮遊粒子状物質など	1970年度～
	有害大気汚染物質モニタリング調査	大気	優先取組物質	1997年度～
	水質測定計画調査	表流水[†1]	生活環境項目, 健康項目[†4]	1971年度～
		地下水	地下水環境基準項目	1989年度～
	ダイオキシン類に係る環境調査	大気, 水質（表流水, 地下水), 底質, 土壌	ダイオキシン	1999年度～
	化学物質環境汚染実態調査（水質・底質モニタリング, 生物モニタリング）	水質, 底質, 魚類, 貝類, 鳥類	環境残留性有機化合物	1978年度～

†1 表流水: 河川, 湖沼および海域など, 地表を流れる水
†2 要調査項目: 個別物質ごとの環境リスクは比較的大きくない, または不明であるが, 環境中での検出状況や複合影響等の観点からみて知見の集積が必要な物質
†3 要監視項目: 現在の知見からは直ちに環境基準, 排水基準の設定を行うレベルにはないが, 環境中の存在状況を注意深く監視するとともに, 実効性のあるリスク低減対策が必要な物質
†4 健康項目: 人の健康を保護する観点から基準の設定されている項目

の実態を把握する全国調査が行われており，最近では1998年にダイオキシン類と内分泌撹乱化学物質について複数媒体にまたがる全国的な汚染実態調査が行われている．内分泌撹乱化学物質の調査では，汚染状況だけでなく，野生生物に起こっている異常を見つけだす調査も行われている．

　これらの実態調査に基づいて問題の程度が判定され，必要に応じて対策が実施されることになるが，効果があがらない場合は対策の見直しを行う必要がある．そこで，対策の効果を判定するために，環境破壊の状況を継続的にモニタリングすることが必要となる．大気，水質，地下水，土壌，騒音などの環境基準項目については定期的なモニタリングが継続され，環境基準の達成率で対策の効果が確認されている．また，製造・使用が禁止された化学物質についても，底質や生物での残留状況を追跡する調査が続けられている．

7・2　規制によって環境汚染は改善されたか

　わが国の環境問題への対応は，目に見える環境破壊や深刻な健康被害の顕在化を契機としており，早急な問題の解決が求められたため，罰則など，強制力を伴った規制に基づいて対策の実施を求める形で始められた．

　化学物質汚染を例にとると，化学物質の製造・使用から暴露の防止までの各段階で規制が行われている（表7・2）．化学物質の製造・使用等は，"化学物質の審査及び製造等の規制に関する法律（化審法）"，"農薬取締法"や"特定物質の規制等によるオゾン層の保護に関する法律（オゾン層保護法）"など，化学物質の用途や性質に合わせて複数の法律で規制している．化審法は他の法律が対象としていない一般化学品を対象に，新規に製造・使用等する際の届出を義務づけ，長期，微量の暴露が人の健康を損なうおそれのあるものの製造・使用等を禁止あるいは制限する法律であったが，2003年に，環境中の動植物への被害防止の観点からも審査を行うように改正された．農薬取締法は農薬として用いられる化学物質の登録を義務づけ，登録のない農薬の製造・販売・使用を禁止している．登録の申請を受けて人の健康や水生生物への影響について審査を行い，そのおそれのあるものの登録を保留したり，使用方法を規制している．一方，オゾン層破壊能が高い化学物質は，オゾン層保護法の下で国際的に取り決められたスケジュールに従って製造・使用が禁止・制限されている（11章参照）．

　製造・使用等が認められている化学物質の中にも，環境汚染を通じて人や生物に影響を及ぼすおそれのある有害物質が含まれている．国際機関などで人に対する発

7・2 規制によって環境汚染は改善されたか

表7・2 化学物質汚染を管理するおもな規制法令

法制度（略称）	規制内容	対 称
化学物質の審査及び製造等の規制に関する法律（化審法）	事前審査に基づく製造・使用等の規制	一般化学品
農薬取締法	事前審査に基づく登録保留，販売・使用等の規制	農 薬
特定物質の規制等によるオゾン層の保護に関する法律（オゾン層保護法）	国際的な取決めに基づく製造・使用等の規制	オゾン層破壊物質
大気汚染防止法	排出規制（濃度，総量）	排ガス
水質汚濁防止法	排出規制（濃度），地下浸透禁止，汚染地下水の浄化，措置命令	排 水
廃棄物の処理及び清掃に関する法律（廃棄物処理法）	廃棄物の処分方法の規制	廃棄物
農用地の土壌の汚染防止等に関する法律（農用地土壌汚染防止法）	汚染農用地の浄化費用の負担	農用地土壌
土壌汚染対策法	市街地土壌汚染の調査とリスク低減措置の実施	市街地土壌
ダイオキシン類対策特別措置法（ダイオキシン対策法）	排ガス，排水，廃棄物の排出規制，土壌・底質汚染の浄化	ダイオキシン

　がん性が確認されているベンゼンや塩化ビニルモノマーがわが国でも年間数百万トンの規模で製造・使用されている．また，人間活動に伴って意図せずにさまざまな有害物質が生成する．化学物質の合成に伴って非意図的に生成した不純物が製品に含まれる場合がある．たとえば，ベトナム戦争で散布された枯葉剤にはダイオキシン類が不純物として含まれていた．また，廃棄物の焼却ではダイオキシン類が，浄水処理ではトリハロメタンが非意図的に生成する．これらの有害物質は製造・使用等の規制の対象とはならないので，これらについては環境への排出を抑制する必要がある．有害物質はまず排ガス，排水や廃棄物に含まれて環境に排出される．そこで，"大気汚染防止法"，"水質汚濁防止法"や"廃棄物の処理及び清掃に関する法律"などに基づいて排出規制が行われている．一般には，望ましい環境の状態を示す環境基準を設定し，それを達成するために排ガスと排水については排出濃度や総量を規制し，廃棄物についてはその有害性に合わせて処分方法を規定している．

　これらの対策は有害物質の環境への侵入を防ぎ，汚染を未然に防止するための対策である．硫黄酸化物の排出規制は1962年から行われており，発生源が大規模で，その数も多くなかったことから大気濃度も比較的速やかに低下し，環境基準を超え

るところは少なくなっている．また浮遊粉じん中の含有量の測定結果をみると，大気中の金属成分も大幅な低下を示している（図7・3）．健康影響の観点から水質環境基準が設定されている有害物質も，排水規制によって河川，湖沼や海域で環境基準を超えるところは少なくなっている．

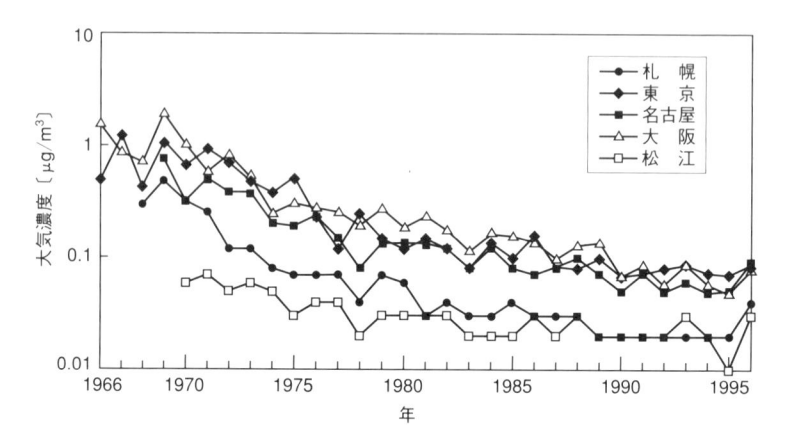

図7・3　浮遊粉じん成分分析に基づく鉛の大気濃度の経年変化

しかし，自動車などの小規模の発生源に由来する窒素酸化物の汚染は，都市部の道路沿道を中心に環境基準を超えるところが依然として多い．また，家庭などの小規模発生源から排出される窒素やリンなどがひき起こす湖沼や内湾などの富栄養化の問題はいまだ解決されていない．さらに6章で述べたように，土壌，地下水や底質といった動きの遅い環境媒体には有害物質が残留しやすい．

深刻な健康被害を防止するために，汚染の未然防止対策とともに，汚染された環境を浄化する取組みも行われている．健康被害の防止と作物生育阻害の防止の観点を合わせて汚染農地の，健康被害の防止の観点からPCBや水銀で汚染された底質の調査・対策が進められている．市街地土壌や地下水汚染についても，土壌汚染対策法の制定や水質汚濁防止法の改正により土地所有者等や汚染原因者に調査と対策の実施が求められるようになった．また，ダイオキシン類についても土壌環境基準や底質環境基準が設定され，それらを超過する汚染について浄化対策が実施されている．

しかし，環境汚染の複雑化，多様化に伴い，**リスク管理**に要するコストは増大し

続けている．水質環境基準の**健康項目**は1970年の設定時には7項目にすぎなかったものが，今では26項目にまで増え，それに応じて測定検体数は大幅に増えている（図7・4）．このような項目の増加に伴い，モニタリングコストが増大している．ダイオキシン類の濃度は，29の成分の濃度に毒性の強さを考慮した重み（毒性等価換算係数）を掛けて，合計して求める．このため，数多くの成分を測定しなければならず，またそれぞれにごく低濃度の測定が必要となる．数が増えるだけでなく，ダイオキシン類のように測定の難しい項目の出現がモニタリングコストの増大を加速させている．一方，汚染された環境の浄化は，未然防止に比べるとはるかに多額のコストがかかる（6章参照）．このため，土壌汚染対策法では，一律に汚染の除去を求めるのではなく，土壌中の有害物質の暴露経路を遮断する方法を原則的に求めることにしている．有害物質汚染の浄化だけではなく，富栄養化した閉鎖性水域に蓄積した栄養塩類の除去にせよ，破壊された森林を修復する植林にせよ，破壊された環境の修復は一般に社会に大きなコスト負担を求めることになる．

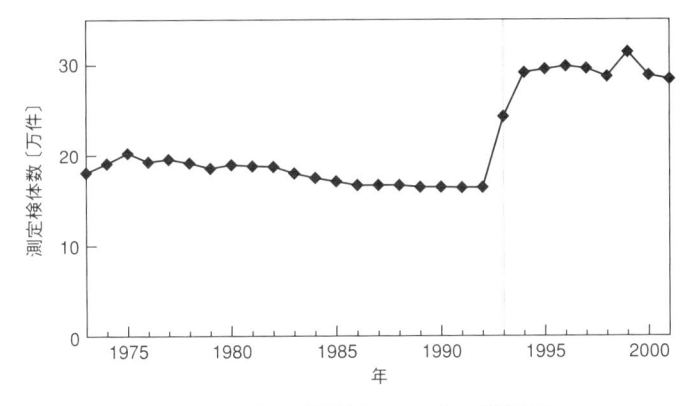

1993年15項目追加，1999年3項目追加

図7・4　公共用水域の健康項目の測定検体数の経年変化

7・3　規制では解決できない問題をどうするか

　規制を中心としたこれらの対策によって環境の状態は，大気中の硫黄酸化物や金属成分，表流水中の水質環境基準の健康項目のように一部の問題については確実に良くなっている．しかし，いつまでも解決できない環境問題は人の健康や生態系を脅かし続けていることから，環境破壊を発生させない予防的な取組みを求める声が

強くなってきた．特に，ダイオキシン類のような環境残留性の有害物質に対しては，予防的な取組みが強く求められている．

事業者に多大な負担を強いることになる規制を行うには，十分な科学的根拠が求められる．しかし，有害物質汚染は多様な特性を有するために，基準等の設定に必要な科学的根拠を整えるのは容易ではない．このため，規制対象項目の数は限られている（表7・3）．最も多くの項目を対象としている排水でも，健康被害防止の観点から規制されているのは，ダイオキシン類を含めても28項目にすぎない（ダイオキシン類の排出規制はダイオキシン対策法による）．生物保護の観点から規制されているのは現在は廃棄物の海洋投入処分にかかわる4項目だけである．10万を超えているともいわれる工業的に製造・使用されている化学物質や，さらに多くの有害物質が非意図的に生成していることを考えると，われわれの身のまわりにある有害物質のごく一部が規制されているにすぎないといえる．

表7・3 有害物質の環境基準と排出規制[†]

環 境 基 準	排 出 規 制
大気環境基準 4 項目	排ガス排出抑制基準 3 項目
水質環境基準　　淡水 26 項目 　　　　　　　　海水 24 項目	排水排出基準 27 項目，廃棄物埋立処分基準 24 項目 排水排出基準 27 項目，廃棄物海洋投入処分基準 32 項目
地下水環境基準 26 項目	浸透禁止 27 項目，廃棄物埋立処分基準 24 項目

[†] このほかにダイオキシン類に対して，大気，水質，地下水環境基準が設定され，それぞれに応じた排ガス，排水および廃棄物の基準が設定されている．

科学的知見が十分に整うのを待って規制を行うのでは，どうしても対応が後追いになり，環境残留性の有害物質による汚染はなくならないことになる．そこで，必ずしも十分に科学的知見が整わない段階からできるだけ多くの有害物質について排出量を低減するために，さまざまな形で自主管理の促進が図られるようになった．先進的な地方自治体では，1990年ごろから事業者による化学物質管理を促進するための指針を策定するところが出てきた．特に，神奈川県ではさらに立地段階で化学物質リスクに対する配慮を求める指針を策定している．立地しようとしている事業場での化学物質の予定使用量を，使用形態や毒性を考慮した重みをかけて合計し，ランク分けする．一方，立地予定地を人口密度，病院や学校などの配慮が必要な施設の有無，飲用水源の有無などの地域特性からランク分けし，影響を受けやすい地

7・3 規制では解決できない問題をどうするか

域で高いリスクを有する事業場の立地を避けようとするものである．環境アセスメント制度が事業内容が固まってから行うのに対し，構想段階でリスク評価を行うもので，より予防的な措置といえる．

　一方，事業者みずからも環境問題への取組みを深めている．国際規格ISO14001の環境マネジメントシステムの認証取得は，特に先進諸国との取引を行う事業者にとって欠くことのできない要素となっており，温室効果ガスの排出抑制，廃棄物のリサイクルなど，環境に配慮した自主的な取組みは，事業者によっては必須の要件となっている．化学物質の管理の徹底も重要な要素の一つであり，化学工業界では化学物質の開発から製造，使用，廃棄に至るすべての過程で環境保全と安全を確保する活動（**レスポンシブル・ケア活動**）を進めている．

　国においても，有害大気汚染物質について事業者が業界団体ごとに計画を立てて大気への排出量を削減していく仕組みを設けている．この仕組みでは事業者はみずからが立てた目標に向けて，自主的に選択した手段を組合わせて実施することになる．1999年度を目標年度とする第一次計画では，対象となった**優先取組物質**12種について1995年度を基準年として平均で30％あまりの削減目標が示され，全体としてはいずれの物質についても目標が達成されている（図7・5）．2001年度からは2003年度を目標年度として，自主管理によるさらなる削減が進められている．さ

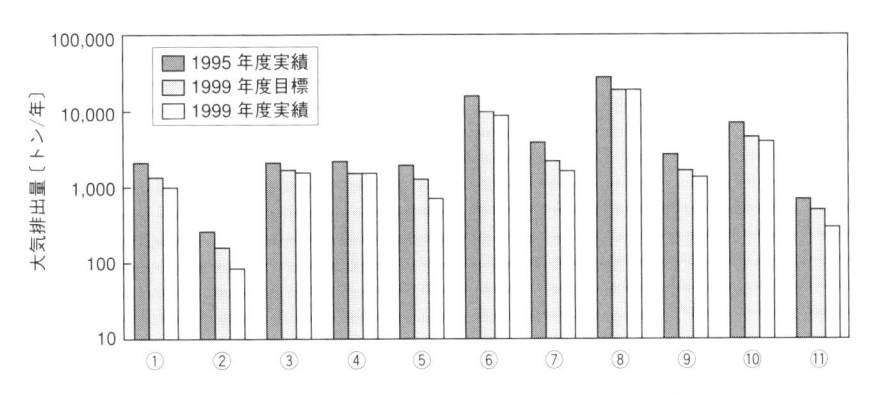

① アクリロニトリル　② アセトアルデヒド　③ 塩化ビニルモノマー　④ クロロホルム
⑤ 1,3-ブタジエン　⑥ ベンゼン　⑦ 1,2-ジクロロエタン　⑧ ジクロロメタン
⑨ テトラクロロエチレン　⑩ トリクロロエチレン　⑪ ホルムアルデヒド

このほかにニッケル化合物が対象となっている

図7・5　**優先取組物質の自主管理計画の達成状況**（1997〜1999年度）

らに依然として大気環境基準を超える地点がみられたベンゼンについては，大気環境基準を大幅に上回っている地域を選び，業界団体ごとではなく，地域全体に目標を設定し，削減を進めていく取組みを加えている．

大気に限定せずに，事業者による化学物質管理の徹底を促し，環境への排出量を削減することをめざしたのが，"特定化学物質の環境への排出量の把握等及び管理の改善の促進に関する法律（化学物質排出把握管理促進法）"である．化学物質排出把握管理促進法は，化学物質の環境への排出量の把握・届出を義務づける **PRTR**（環境汚染物質排出・移動登録；Pollutant Release and Transfer Register）制度と，譲渡の際に性状等の情報の添付を義務づける **MSDS**（化学物質等安全データシート；Material Safety Data Sheet）制度からなる．PRTR制度（化学物質排出移動量届出制度）は，OECDの勧告を受けて導入された制度で，2001年度実績の報告から制度の運用が開始された．事業者による届出と，家庭，輸送，農業，中小事業者などの届出対象外の発生源について国が行う推計とを合わせて，国が集計・公表し，その結果を行政，事業者および住民がそれぞれ活用することで化学物質リスク管理を促進しようとするものである（図7・6）．

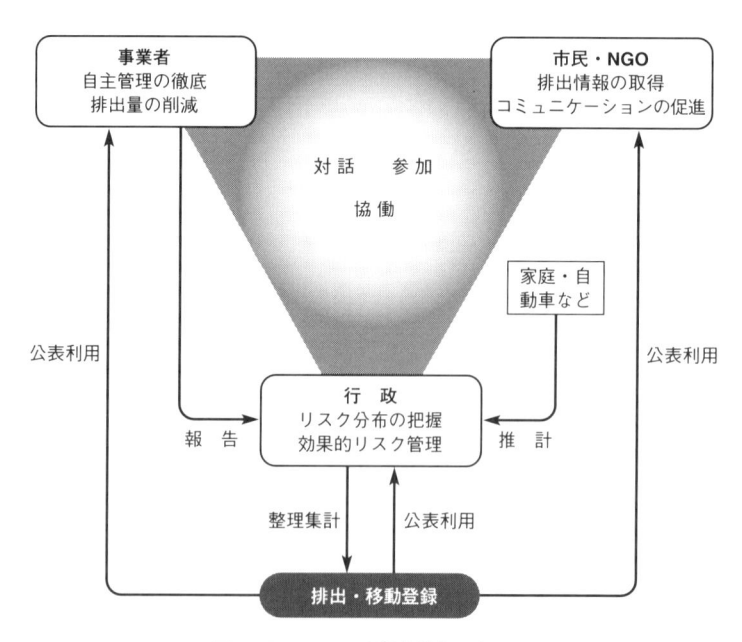

図7・6　PRTRの基本的なスキーム

事業者はPRTRの届出を行うためにみずからの活動に伴う排出量を知る必要があり，これによって化学物質の管理を徹底し，環境への排出量の削減に努めることが期待されている．行政は，環境モニタリング結果などを対照することにより，みずからが管轄する地域の中でどこが環境リスクが高く，その汚染源はどこかを把握することができ，個別事業所ごときめ細かく，指導や規制等を行うことによって効率的なリスク管理を行うことができると期待される．

7・4 事業者による自主管理で環境は守られるか

複雑化，多様化する環境問題に対し，できるだけ予防的に対処するための手段として，化学物質の排出抑制を中心に自主管理を促す仕組みが導入されつつある．ISO14001の取得件数は2003年12月末現在で13,819件にのぼっており，それに基づいて，化学物質汚染だけではなく，地球温暖化や廃棄物問題まで，幅広い環境問題への取組みが行われている．また，環境保全に投入した費用とその効果を比較分析する環境会計の導入などによって，事業者による環境問題への自主的な取組みがさらに促進されることが期待される．このような事業者による自主管理は環境問題の解決にどれだけの効果をもつものだろうか．

有害大気汚染物質の事業者による計画的な排出削減では，第一次計画で目標を上回る排出量が削減されたと報告されている．大気濃度の推移をみても，濃度の低下傾向が明らかに見てとれる（図7・7）．必ずしもすべての有害大気汚染物質が排出

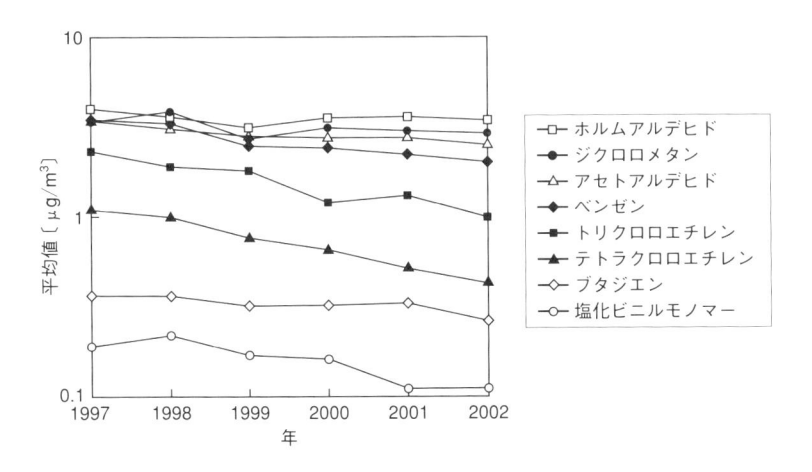

図7・7　有害大気汚染物質濃度の経年変化（平均値）

量の削減率に対応して大気濃度が低下しているわけではないが，それらの化学物質は自主的な削減に参加していない中小発生源が多いものや，自動車排ガス等の非意図的な生成が多い物質であり，事業者の自主的な削減は大気濃度の低下に一定の貢献をしていると考えられる．

しかし，ベンゼンは事業者の自主的な取組みにより計画目標を上回る排出削減が達成されたにもかかわらず，まだ多くの地点で大気環境基準を上回る汚染が続いている．また，同じように中小発生源の多いトリクロロエチレン，テトラクロロエチレンとジクロロメタンを比べても，排出抑制基準が設定されているトリクロロエチレンとテトラクロロエチレンは排出削減率に応じて大気濃度が低下しているが，排出抑制基準の設定されていないジクロロメタンは排出削減率ほどは大気濃度が低下していない．一方，オゾン層を破壊するフロン類は国際的な取組みに基づく排出規制が行われた結果，対流圏大気中のフロン類濃度は減少傾向にあるが，地球温暖化防止については特段の規制が行われていないため，二酸化炭素を中心とした温室効果ガスの排出量は減っていない．京都議定書（11章参照）では2012年に，基準年の1990年に比べて6％の排出削減が求められているが，2001年は基準年に比べ5.2％の増加となっており，排出削減目標の達成は容易なことではない．

一方，予防的な取組みという観点からみると，自主管理の状況はまだまだ不十分といえる．事業者による自主的取組みの一つとして環境報告書を作成している事業者は年々増加しており，2001年度には1997年度に比べ3倍以上に増えている（11章参照）．この環境報告書には事業者による環境保全の取組みが述べられているが，化学物質についての取組みをみてみると，対象としているのは環境基準項目やPRTR制度の届出対象項目などにとどまり，その他の化学物質について記載されている例は多くない．

PRTR制度の対象化学物質は354物質と，大気や水質の環境基準項目と比べると多くの化学物質を対象としているが，工業的に製造・使用されている10万を超えるといわれる化学物質と比べるとごく一部にすぎない．化審法では，難分解性で，人の健康に影響を及ぼす可能性があるもののうち，生物に蓄積しやすいものを**第一種特定化学物質**に指定し，製造・使用等を原則禁止するとともに，生物蓄積性の低いものについても指定化学物質（2004年4月からは第二種監視化学物質）に指定し，詳細な毒性評価を行い，その結果に応じて第二種特定化学物質に指定するなどして製造・使用等を制限することとしている（図7・8）．また，2004年4月からは人の健康だけでなく，生物に毒性を有する化学物質も規制の対象に加えられること

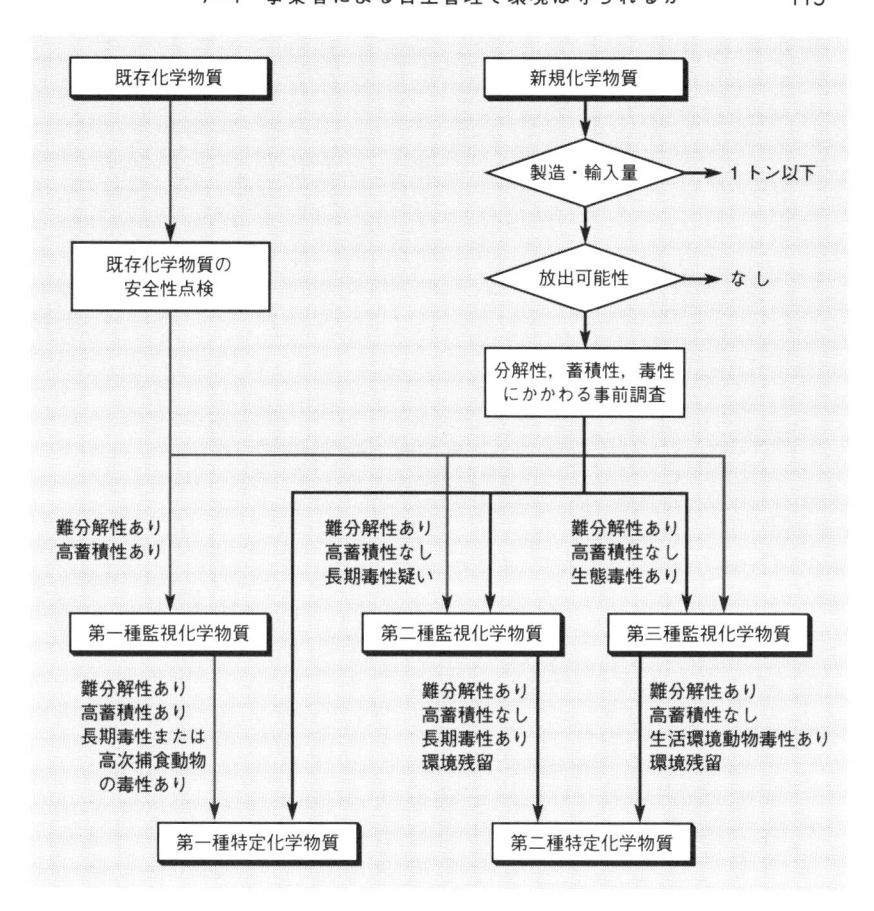

図7・8 化学物質の審査・規制の流れ (2004年4月以降)

になった.

これまでの審査で，13物質が第一種特定化学物質，23物質が第二種特定化学物質，616物質が指定化学物質に指定されており，生態系保全の観点から審査が行われるようになるため，その数はこれまで以上に増えていくものと考えられる．指定化学物質については製造・輸入実績の届出等が義務づけられているが，その自主管理の状況は明らかでない．製造・使用量等が一定量以下の化学物質は毒性試験等が免除されるが，この数量ぎりぎりで似た構造の化学物質を多数申請するなど，自主管理とはほど遠い行動をとる事業者もいる.

環境問題への対応は健康被害を始めとする深刻な環境破壊の発生を契機として始まった．規制しにくい中小発生源が主要な原因となっているものは別として，目に見える環境破壊は規制に基づく強制的な対応によって，改善の方向に向かっている．しかし，化学物質汚染や地球温暖化など，潜在する環境問題への不安は依然として解消されておらず，これらを解消することが，これからの環境政策に課せられている課題と考えられる．

ダイオキシン類や内分泌撹乱化学物質について懸念されている健康被害や生態系の異常と，環境汚染の因果関係が実際の環境で明確に実証されている事例は限られている．これには三つの仮説が考えられる．一つは，動物実験等の結果から基準値を算定する際に一定の安全率をみているが，これが過大に見積もられており，実際には環境汚染を通じた目に見える被害は発生しないというものである．二つ目は，実際には被害が発生しているが，汚染が全国的に広がっており，また暴露量の把握が困難なため，たとえばベンゼンの大気環境基準が設定されている 10 万に 1 人といったレベルでは明確な因果関係を見いだせないというものである．三つ目は，ダイオキシン類のように体内に蓄積しやすい化学物質は，一生涯の暴露によって健康被害を発生させるため，汚染が始まってからまだ時間がたっておらず，今後さらに蓄積が続いてから被害が発生するというものである．

環境省による内分泌撹乱作用の疑われる化学物質の点検によれば，これまでのところ，環境濃度レベルで人の健康に影響を及ぼすおそれのあるものは見つかっていない．また，生態影響についても，トリブチルスズ化合物やノニルフェノールなど，一部で魚類などに影響を示すものが見いだされているが，生態系の破壊につながるかどうかについては議論の分かれているところである．

これらのいずれの仮説が正しいか，あるいは別の答えがあるのかは残念ながら現時点では明らかでない．また，地球温暖化の問題も，どの程度温暖化するか，またそれによってどのような被害が発生するかは推測の域を出ない．このような不確定な要素を含んだ中で，規制のような社会的負担の大きい方策を講じるのが適当だろうか．しかし，内分泌撹乱化学物質は種の絶滅につながるおそれのある生物の繁殖活動に影響を及ぼすことが懸念されており，その中にはいったん汚染をひき起こすといつまでも環境に残留し，影響を及ぼしつづけるおそれのあるものも含まれている．内分泌撹乱化学物質については特定時期，特に胎児や幼児期の暴露が後になって深刻な影響をもたらすおそれが指摘されている．このような場合，問題がわかってからでは手遅れになることが予想される．また，地球温暖化は特定の地域にとど

まらず，地球規模でさまざまな影響を及ぼすおそれがある．事業者による自主管理にまかせておいて，取返しのつかない事態の発生を的確に防ぐことができるだろうか．どこまで予防的に対応するかを含めて，皆で考え，決めていくことが必要となる．

参 考 文 献

・"環境白書"，環境省編，ぎょうせい．

8

将来の世代にどこまで地下資源を残しておくか

8・1 宇宙資源と地球資源と枯渇性

8・1・1 宇宙における元素

"資源生産性を向上する"，"資源リサイクルが重要である"，"資源が枯渇する"，"有限資源を循環する社会が持続性社会である"，など資源の有限性にかかわる文言を至るところで見るが，真実であろうか．資源あるいは循環という単語を扱う場合には，常にどのような条件の下で語っているのかが重要である．

全宇宙は閉鎖系であり，資源枯渇という言葉をその範囲でいうならば，これは間違っている．エネルギーと質量の互換により元素全体の質量が変動することはあるものの，けっして特定の元素が枯渇することはない．

宇宙の起源はいまだ議論のあるところであって，宇宙論の専門書に譲ることにする．ただ，現在の太陽系では，おおむね図 8・1 に示すような元素の分布があることはいえる．

元素の存在度は，星の一生の時間軸で考えれば多少の増減はあるものの，地球上の生物学的時間で定義すればまず保存されているといって間違いはない．つまり，宇宙レベルでは元素の枯渇はないのである．

宇宙では，水素が最も多く存在し，原子番号が増すにつれて存在度はおおむね減ってくるが，鉄はその傾向から大きく外れて存在度が高く，原子番号の大きな元素のなかでは，最も安定な元素といえる．

8・1・2 地球上の元素

地球の起源も諸説あるようだが，宇宙の物質移動の産物であることは間違いない．ただし，地球は希薄なガス体ではないので，凝縮相として安定な元素と化合物が残存しているはずである．人類は地中の奥深くの構造を必ずしも十分に知らない．

したがって，表層の情報から全体を推定せざるをえないことと，その表層も地球

8・1 宇宙資源と地球資源と枯渇性　119

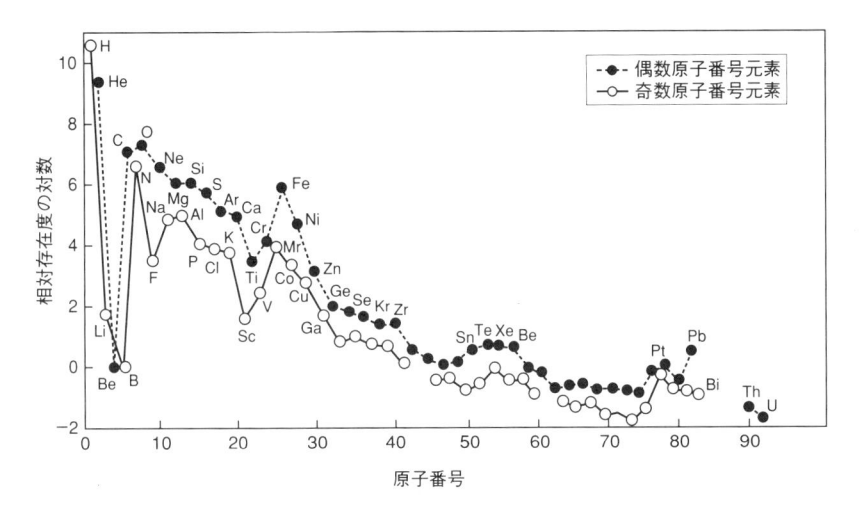

図 8・1　宇宙における元素存在度　[E. Anders, N. Grevesse, *Geochim. Cosmochim. Acta*, 53, 197 (1989) より作成]

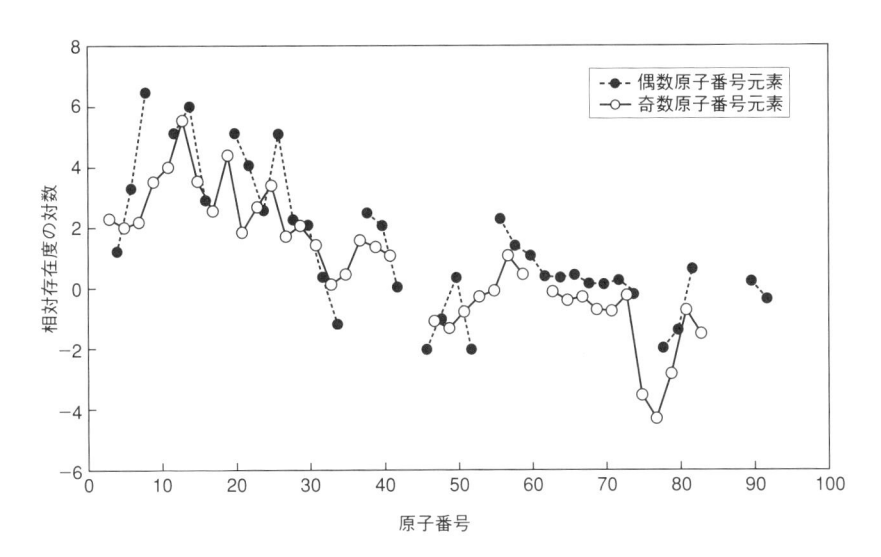

図 8・2　大陸性地殻における元素存在度　[S. R. Taylor, S. M. McLennan, "The Continental Crust: Its Composition and Evolution", Blackwell Sci. Pub. (1985) より作成]

の代表値とは必ずしもいえないため，さまざまな統計が過去に公表されている．名前として有名なものは**クラーク数**である．その数値の絶対値には代表性の点で意味はないものの，およその概念的な存在度を象徴する．

図8・2に示した数値の信頼性は，地殻そのものの構造が不確定であるためそれほど高くないと想像できるが，およそ，宇宙の物質存在度に似ている．

8・2　地下資源とは何か

玄武岩や安山岩を資源だと思う人は，多分いない．もちろんこれは，物理科学や生産技術，生産工学にとって有価であるかどうかだけをいっているのであって，美しい岩石をめでる人にとっては，色や姿形が優れていればそれは価値があることになる．

ここでは資源とはそういう意味の価値ではなく，生産工学にかかわる資源と限定して考えることにする．その意味では，日本のある地域では路傍の石である石灰石は立派な地下資源である．日本は石灰石が豊富な世界でもまれな国である．またある種のけい石は非常に美しい白色をしていて，それは鉄分や他の遷移金属を含まない．これはきわめて貴重な半導体シリコンの原料であるケイ素の酸化物で，重要な資源である．

地下資源とは金属の鉱石であり，石炭であり，石油や天然ガスである．これらの成因は複雑であるが，いずれも地球の熱的作用と何億年にもわたる重力の作用や生物の作用が複合してできている．エネルギー系の資源である石炭は，過去の太陽エネルギーを植物が固定化したものであることが石炭の顕微鏡観察をすればすぐにわかる．石油は，堆積岩であるけつ岩に閉じこめられた有機性物質ケロージェンが，岩石ごと変性を受けてある場所にたまることで油田を形成しているのではないかと想像されている．オイルシェールという油母けつ岩の資源化が一昔前話題になったが，それはこの油田化する前のけつ岩である．カナダに相当量あるといわれている．

さて，現在の地球でどれほどの資源が消費されているか表8・1で見てみよう．

一番はエネルギー資源で，つぎが食物資源，木材，鉱物資源，などが続く．このうち，地下資源が約6割を占める．

これらの資源を使い続けていけば，いつかは地球の過去の遺産はなくなる．ここでは，持続可能性は，究極的には人口問題であることを念頭に置きながら，地下資源を将来の子孫にどのように伝えていくか考えられる資料を提示することにする．

表 8・1 資源の消費量

資源種		数量〔億トン〕		年
エネルギー資源	石炭	37.11	約89	1998
	石油	34.45[†1]		2001
	天然ガス	17.75		2000
食物	穀類	25.49	約34	2001
	肉類	2.27		2001
	牛乳	4.93		2001
	水産物	0.92		1999
木材	薪炭	17.66	約35	2000
	用材	17.25		2000
鉱物	石灰石[†2]	20.00	約29	1995
	鉄鉱石	5.84		1999
	銅鉱石純銅換算	0.14		2001
	銅鉱石＋ずり[†3]	1.40		2001
	ボーキサイト	1.38		2001
繊維		0.25		2001
天然油脂		0.15		2001
ゴム		0.71		2001

[†1] ただし,密度 $\rho = 0.9$
[†2] セメント 14.21 億トンから換算した.
[†3] ずりは廃石を意味する.銅鉱石を例示したが,他の金属資源では量はこれほどではない.
出典:天然ガスとゴムを除いて,"日本国勢図会 1999/2000","世界国勢図会 2002/2003",矢野恒太記念会編集・発行を用いて換算.

8・3 人間の活動と資源の損耗

工業に限らず,ありとあらゆる人間の活動は,その目的とするもの以外のものも必ず副産物として生成する.たとえば,他の動物並みに最低限の食物を採取し,運動し,生殖活動を行い子孫を残したとしても,その間,し尿や,呼気から派生する二酸化炭素を生じる.これが生態系に局所的影響を与えるのはごく当たり前である.しかし,原始採取活動レベルの人口の人間は生態系全体からみればとるに足らない存在であって,自然環境の変動の中に十分吸収できるレベルであった.事実この間は,食糧供給,生命維持のための体温保護熱源の確保が十分ではなく,人口増加率はほとんどゼロであったと推察される.

いうまでもないことであるが,自然環境のエネルギーの源泉は太陽であり,そのエネルギーを固定しているのは地球上の水循環,植物による光合成である.植物による光合成以上の食物を生産する能力は地球にはない.

8. 将来の世代にどこまで地下資源を残しておくか

さて，このような採取時代から農業時代に入ってきて，人類の人口増加率はおよそ 0.03 %/年となった．農業が安定的な食物を人類に約束し，人口の増加も安定したものとなった．産業革命により化石燃料を機械的エネルギーに変換できるようになり，さらに，人口増加率が上昇した（図 8・3）．明らかに人口爆発である．これを警告したのがローマクラブ **"成長の限界"**[1] である．この記述は今となっては問題のある仮定がたくさんあり，資源の見積もりについては明らかな間違いもある[2]．しかし，時間的な軸はともかくも，傾向としてその方向にあることを指摘した功績は大きい．

これまで，人類が生産してきた金属の量を図 8・4 に示す．産業革命以降の生産

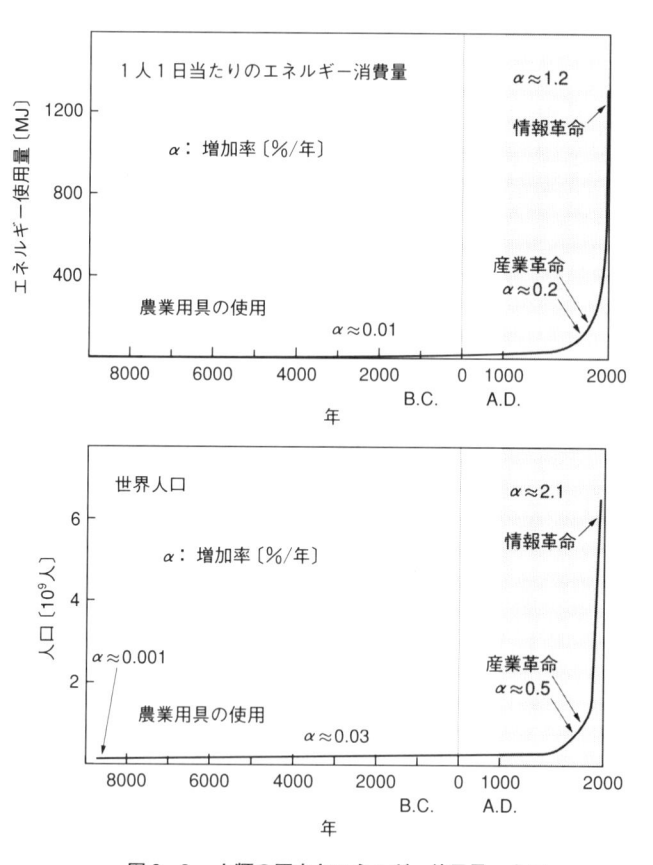

図 8・3　人類の歴史とエネルギー使用量，人口

量がほとんどであるのでその年代から示している．この生産量の積算値が，これまでわれわれが地下から掘り出してきた資源の総量になる．また，もしこれらの資源が何らかの形でそのまま残っていれば，それがリサイクル対象になりうる資源量でもある．

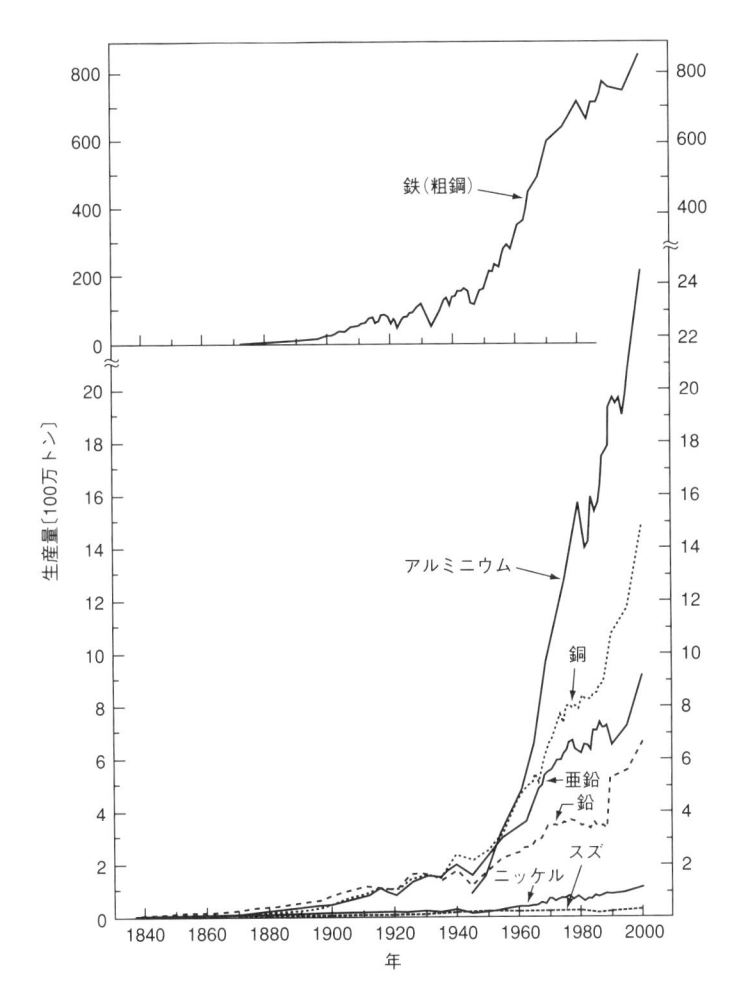

図8・4 これまでに生産消費してきた金属量 [World Bureau of Metal Statics, U. S. Bureau of Mines, *Mining* による．西山 孝，"資源経済学のすすめ —— 世界の鉱物資源を考える（中公新書1154）", p.5, 中央公論社（1993）を一部改変して新しいデータを加えた]

表 8・2　鉱物資源とエネルギー資源の生産量と埋蔵量

元素名[1]	生産量[2] [1000 t]	埋蔵量[2] [1000 t]	耐用年数	価格 [$/kg]	おもな産出国（%）	備考
アルミニウム	114,009	23,000,000	202	1.65	オーストラリア(38) ギニア(13) ジャマイカ(10)	ボーキサイト
アンチモン	174.8	2,400	14	3.35	中国(80) ロシア(7) ボリビア(4)	
ヒ素	47.1	1,000	21	1.16	中国(37) チリ(15) ガーナ(11)	As_2O_3 生産量
ベリリウム	6.90	381	55	720.9	アメリカ(84) ロシア(14) カザフスタン(1)	緑柱石生産量
ビスマス	4.21	110	26	7.72	メキシコ(39) ペルー(24) 中国(14)	
ホウ素	3,250	170,000	52	0.34	トルコ(48) アメリカ(36) アルゼンチン, 中国(6)	B_2O_3 量, 価格は $Na_2B_4O_7 \cdot 5H_2O \cdot$ トン
カドミウム	18.35	530	29	2.2	カナダ(15) 日本(13) ベルギー(9)	
セシウム	NA	100		NA		
クロム	12,200	3,700,000	303		南ア共和国(41) トルコ(16) インド(11)	クロム鉄鉱
コバルト	27.0	4,000	148	50.71	ザンビア(29) カナダ(21) ロシア(12)	
銅	10,756	320,000	30	2.38	チリ(28) アメリカ(18) カナダ(6)	
ガリウム	NA	165		425		
金	2.25	45	20	390	南ア共和国(22) アメリカ(14) オーストラリア(13)	
インジウム	NA	2,600		309		
鉄	954,900	68,000,000	71	0.0725	中国(25) ブラジル(18) オーストラリア(15)	鉄鉱石生産量
鉛	2737.8	65,000	24	1.03	アメリカ(16) 中国(15) カナダ(9)	
リチウム	NA	3,700		434		Li_2CO_3 価格
マンガン	22,300	680,000	30	2.44	中国(27) 南ア共和国(15) ウクライナ(13)	
水銀	2.73	130	48	5.8	スペイン(37) キルギスタン(22) 中国(18)	
モリブデン	127.3	5,500	43	8.5	アメリカ(44) 中国(20) チリ(14)	
ニッケル	1,010	40,000	40	6.93	ロシア(22) カナダ(19) ニューカレドニア(14)	

[1] 英語名アルファベット順に配列

[2] NA: 資料なし

表 8・2 つづき

元素名[1]	生産量[2]〔1000 t〕	埋蔵量[2]〔1000 t〕	耐用年数	価格〔$/kg〕	おもな産出国（％）	備 考
ニオブ	16.0	3,500	219	6.61	ブラジル（85）カナダ（15）オーストラリア（1）	
白金族	0.28	71	249	12,700	南ア共和国（59）ロシア（30）カナダ（6）	プラチナ価格
希土類	79.5	100,000	1258	–	中国（63）ブラジル（18）オーストラリア（15）	
レニウム	0.0247	2.5	101	750	アメリカ（68）チリ（15）ペルー（7）	
セレン	2.15	70	33	6.39	日本（28）カナダ（26）アメリカ（8）	
ケイ素	3,200	NA		180.8	中国（23）アメリカ（13）ノルウェー（12）	
銀	14.5	280	19	150	メキシコ（17）ペルー（13）アメリカ（10）	
ストロンチウム	340	6,800	20	70	メキシコ（44）中国（21）トルコ（15）	
タンタル	0.38	14	37	63.49	オーストラリア（72）ブラジル（14）カナダ（13）	
トリウム	8.86	1,200	135	65	インド（56）中国（20）ブラジル（16）	モナズ石精鉱生産量，ThO_2価格・埋蔵量
スズ	206.2	7,700	37	8.49	中国（26）インドネシア（25）ペルー（13）	
チタン	3,990	270,000	68	9.7	オーストラリア（52）ノルウェー（19）インド，ウクライナ（8）	イルメナイト生産量を含む．埋蔵量はイルメナイト，TiO_2量
タングステン	31.9	2,100	66	66	中国（28）ロシア（31）ポルトガル（4）	
バナジウム	35.0	10,000	286	8.6	南ア共和国（46）ロシア（31）中国（20）	価格 V_2O_5
亜鉛	7,226	190,000	26	1.786	カナダ（17）中国（14）オーストラリア（13）	
ジルコニウム	857	32,000	37	20～26	オーストラリア（54）南ア共和国（30）ウクライナ（6）	ZrO_2 埋蔵量
石油	3,115,435	138,233,528	44	0.18	ロシア（11）サウジアラビア（10）アメリカ（9）	1 バレル＝0.134 tとして計算
石炭	3,711,500	477,403,000	129	0.04	中国（34）アメリカ（25）インド（8）	
天然ガス	2,148,027	134,656,396	63	0.16	ロシア（29）アメリカ（23）カナダ（7）	1110 m^3＝1 tとして計算
ウラン	35.0	3,266	93	22	カナダ（31）オーストラリア（14）ニジェール（11）	

出典：石油，石炭，天然ガス，ウランは "日本国勢図会 2002/2003"，矢野恒太記念会編集・発行．ほかは "世界 鉱物資源データブック"，資源・素材学会資源経済部門委員会編，オーム社（1998）．

資源の埋蔵量は，実はよくわからない．つまり，経済的に見合う濃度の地下資源が，どれほど人類が到達採取できる地域にあるのかわからないのである．理由は，見つかっていない鉱脈がある，技術革新が進めば濃度の低いものでも採算がとれるようになる，副産物があれば濃度が低くても採算がとれるなど，さまざまな仮定が入るからである．資源・素材学会による年間生産量を表にしてある（表8・2）．これらを単純に割り算すれば，資源の**静的耐用年数**となる．つまりその年数分，われわれは子孫に地下資源を残すことになる．石油に関しては，キャンベル（C. J. Campbell）の予測によると，2004年ごろに累積生産量が可採埋蔵量の二分の一に達し，生産量はその後，徐々に減少するとされている[3]が，それも当否は不明である．

8・4 地下資源はどのようにしてできるか

生物の活動と地球の大気水循環に加えて，地球の内部の溶融マグマの作用によって複雑な接触反応があり，一言で地下資源の成因を表現することはできないが，いくつかの例をあげてみることにする．詳しくは章末にあげた文献[3]を参照してほしい*．

元素の地球化学的分配として，ゴルトシュミット（V. M. Goldschmidt）は1923年に，はじめ均一な気相または液相の球であった地球が，冷却に伴ってしだいに現在の成層構造に至るまでの過程を，隕石にみられる元素の分配，および硫化物と酸化物が共存する精錬の過程における元素の分配係数を用いて考察した．現在彼の分化モデル，元素の分配は用いられないが，局所的な火成岩の凝固過程の説明には使うことができる．

有用資源の鉱物の生成はきわめて複雑な過程をとり，これは詳述するスペースがない．しかし，物質移動のメカニズムとしては，❶気相を経由して輸送され，その場で析出相分離する場合（たとえば熱水鉱床），❷第三の元素の混入により液体の物理化学的性質が変化して相分離する場合，❸堆積岩の層に高温のマグマが貫入する場合などがある．

❶ 析出相分離　原始地球はおそらく高温のガスに覆われた液体であったであろう．だとすると，液体が徐々に冷却していく過程で，さまざまな相が析出する．特に，ケイ酸塩が多かったと想像できる．ケイ酸塩は多くの化合物と2相分離する．

＊　本書は絶版になっているが，良書なので図書館などで探してほしい．

8・5 地下資源はどのようにしてできるか

これらはその後の冷却，マグマの移動などで，複雑な貫通層を発生し，その中でさらに物質移動と相分離を起こす．たとえば，水蒸気はある程度塩基性の融体に溶解する．圧力と組成に依存するが1気圧でおよそ数千ppm程度は溶解する．冷却が進み固体になると，この溶解度は限りなく0に近づく．

当然この水蒸気は，1000℃近い温度で，どこかに行かねばならないが，行き場がないと高温高圧水としてその岩石の周辺に残留する．圧力が解除された瞬間に高圧の水蒸気が移動する．もしその際，水蒸気と容易に反応する物質がそばにあれば，当然その物質も移動していく．これが熱水鉱床である．

❷ **相分離** 酸素が欠乏した状態で溶融ケイ酸塩にわずかの硫黄が混入すると，ケイ酸塩相と硫化物相に分離する．たとえば，上記のような状態で硫化水素が発生し，ケイ酸塩に衝突し，そこにたまたま銅イオンが存在したとすれば，そこで，銅硫化物の液相が分離することになる．この液体がたとえば，数百kmに及ぶ長さと幅があり，深さも数十kmあるとすれば，これは気の遠くなる過程で濃縮されるであろう．

❸ **マグマの貫入** トランスバール地方(南アフリカ)，プレトリアの北にブッシュフェルト複合岩体という巨大な岩体がある．分布面積6万7000 km^2（東西460 km，南北245 km），厚さ7000 m以上に達する膨大なものである．これは，堆積岩のけつ岩にドロマイト（苦灰石，$CaMg[CO_3]_2$）や安山岩が貫入している．実際には高温（1500℃以上）で溶融していた酸化物が地球の大気循環と水循環の結果によって堆積したけつ岩に浸入し，それらを巻き込みながらきわめて長期間かけて凝固した岩体であると思われる．

世界のクロム鉱石の生産量の約30％はこの地域から産出しているが，この岩体に偏析するクロマイト（$FeCr_2O_4$）がその資源である．

このような巨大な貫入火成岩体は他にもあり，たとえばスケアガート貫入岩体（グリーンランド），グレートダイク（ジンバブエ），スティルウォーター複合岩体（米国）などがある．後の二つはいずれもクロム鉱石を産出する．

世界でおもなクロム鉱石の産出場所はこの3箇所しかないが，それぞれ岩体が大きく産出量は多い．

銅鉱石についても資源は偏在している．南北アメリカとオーストラリア，インドネシアが現在のおもな産出国である．わが国もかつては銅の資源大国であったが，経済的に見合う鉱石はすでに掘り尽くしている．

8・5 採掘可能資源量の不思議

鉄は，地殻存在度が大きく，コストさえ考えなければどこにでも存在する．たとえば関東ローム層の赤土の赤色は，鉄分のヘマタイト（Fe_2O_3）である．しかし，図8・5に銅で例を示すように，資源内に存在する割合が少なければ少ないほどその資源を濃縮して資源化するにはエネルギーが必要である．つまり，コストがかかるのである．なお，鉄は他の資源とは異なり，濃縮を必要としない資源も存在する．

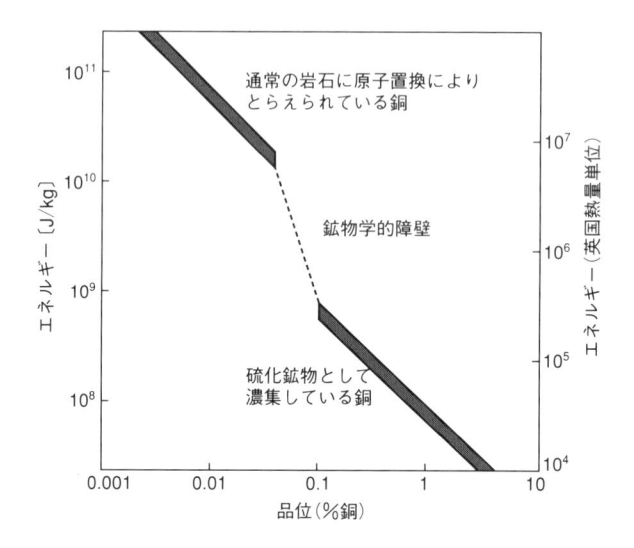

図8・5　銅を1kg回収するためのエネルギーと品位 ［B. J. Skinner, "A second iron age ahead?", Am. Sci., 64, 158～169 (1976) より作成］

元素がそこにあることと，経済的に価値のある素材にできることはまったく異なるのである．経済的に採掘可能な元素別濃度の目安を図8・6に示す．今後，鉱石の濃縮技術や製錬の方法が発展する可能性がある．したがって，この濃度については多少の希望的観測は成立しうるのであるが，あまり多くは望めないであろう．

図8・7はスキナー（B. J. Skinner）と西山 孝が説明的な図として使った資源の存在形態である．地球科学的に豊富な資源（鉄，アルミニウム，チタンなどの第1グループ）は左の図のようにすでに高品位の部分は使ってしまっているが，連続的に低品位のものが存在すると予想できる．この場合，技術的に進歩すると，採掘量も増えていく．

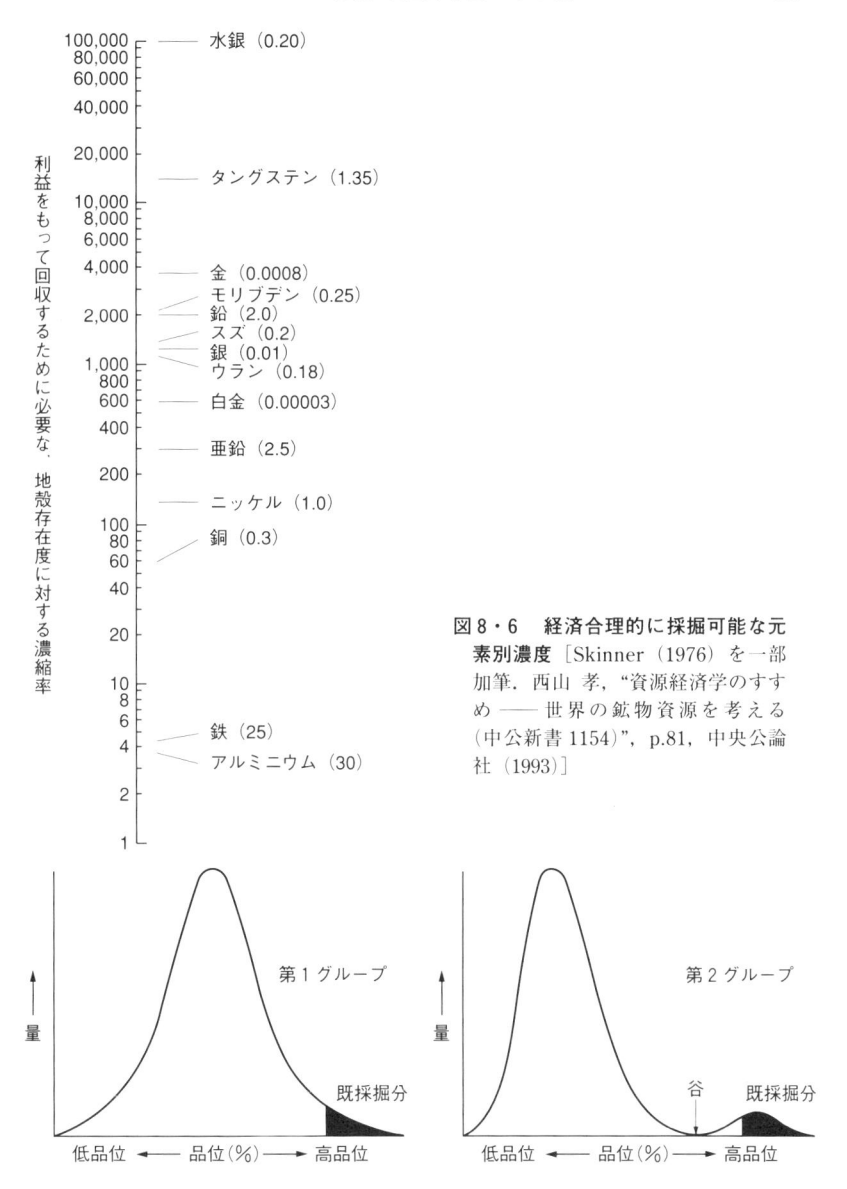

8・5 採掘可能資源量の不思議　　　129

利益をもって回収するために必要な，地殻存在度に対する濃縮率

- 水銀 (0.20) — 100,000〜60,000
- タングステン (1.35) — 10,000〜8,000
- 金 (0.0008) — 4,000
- モリブデン (0.25) — 2,000
- 鉛 (2.0)
- スズ (0.2)
- 銀 (0.01) — 1,000
- ウラン (0.18)
- 白金 (0.00003) — 600
- 亜鉛 (2.5) — 200
- ニッケル (1.0) — 100
- 銅 (0.3) — 80〜60
- 鉄 (25) — 6
- アルミニウム (30) — 4

図8・6　経済合理的に採掘可能な元素別濃度［Skinner (1976) を一部加筆．西山 孝，"資源経済学のすすめ——世界の鉱物資源を考える（中公新書1154）", p.81, 中央公論社 (1993)］

第1グループ／第2グループ

量　低品位 ← 品位(%) → 高品位　既採掘分　谷

地球科学的に豊富な資源（第1グループ）と乏しい資源（第2グループ）［Skinner (1976) および西山 孝，"資源経済学のすすめ——世界の鉱物資源を考える（中公新書1154）", p.83, 中央公論社 (1993)］

図8・7　典型的な鉱物資源の地殻中の分布

しかし，乏しい元素，たとえば，銅や金，銀などの第2グループは，右側の有利な部分はすでに消費してしまい，かなり低品位のものしか残存していない．合計としてはかなりの量があっても，生産技術によって素材たりうるには相当の技術的革新が必要な資源もある．

総資源量の見積もりについては，このように相当に難しい問題を含み，かつ，経

表8・3　総鉱物資源量 [10^6 トン]

元素名	地殻存在度(ppm)	立見(1974)	エリクソン(1973)	(地殻存在度)×$10^{13.54}$	スキナー(1976)	既採掘量[100万トン]
アルミニウム	81,300	14,300,000	3,519,000	2,819,000		2,430,000[†1]
鉄	50,000	8,800,000	2,035,000	1,733,000		26,000,000[†2]
チタン	4,400	774,000	225,000	152,000		78,700[†3]
マンガン	950	167,000	42,000	32,900		814,000
ジルコニウム	165	29,000		5,721		16,400
バナジウム	135	23,800	5,100	4,681		663
クロム	100	17,600	3,260	3,467		46,900
ニッケル	75	13,200	2,590	2,601	1,200	25,800
亜鉛	70	12,300	3,400	2,427		270,000
銅	55	9,680	2,120	1,907	1,000	324,000
コバルト	25	4,400	763	867		983
ニオブ	20	3,520	848	694	340	300
鉛	13	2,290	550	451	170	201,000
トリウム	7.2	1,270	288	250	100	297[†4]
ベリリウム	2.8	493	64	97		369[†5]
スズ	2	352	68	69.3	25	17,800
タンタル	2	352	97	69.3	40	9.3
モリブデン	1.5	264	46.6	52	20	2,870
タングステン	1.5	264	51	52	17	1,610
ビスマス	0.2	35.2	0.12	6.9		146
アンチモン	0.2	35.2	19	6.94		3,990
水銀	0.08	14.1	3.4	2.77	0.34	459
銀	0.07	12.3	2.75	2.43	1.3	843
白金	0.01	1.76	1.2	0.35	0.084	5.8
金	0.004	0.704	0.15	0.14	0.034	96.4

[†1] ボーキサイト生産量
[†2] 粗鉱生産量
[†3] イルメナイト，ルチル，チタンスラグの生産量の合計
[†4] モナズ石 ThO_2 として
[†5] 緑柱石生産量

出典：西山 孝，"資源経済学のすすめ —— 世界の鉱物資源を考える（中公新書1154）"，p.104，中央公論社（1993）．

済的な不確定性を含み，さらに，生産そのものの統計も相当に不完全であるので，さまざまな数値がありうる．総資源量についてさまざまな研究者が推定値を見積もり，報告している．西山のまとめた表によれば，研究者によって大幅に差がある結果となっている（表8・3）．各研究者の数値は，桁はあっているものの大きな食い違いがみられる．かりに地殻の重量を $10^{13.54} \times 10^6$ トンとして地殻存在度と積をつくり予想存在量を計算してみたものもカラムに入れてある．エリクソンの数値はこれに近いものとなり，立見，スキナーは大きく異なった見積もりを与えている．

しかし，このように推定された数値は経済的に採掘可能なものとして判断をしたものとは相当に異なる．当然のことであるが，市場価格が上昇すれば採掘可能資源量は増加することになり，総鉱物資源量は絶対値としては意味があまりない．資源の枯渇性を議論する際にはこのような視点を忘れてはならない．

8・6 将来の世代にどこまで地下資源を残しておくか

資源問題を論じる際に，**エントロピー**の概念を用いることは有効である．エントロピーは熱力学的状態量の一つであり，物の秩序だった状態の程度，乱雑さ，あるいはエネルギーの利用可能の度合いを表す指標である．エントロピーが高い状態ほど乱雑であり，エネルギーの利用可能度合いが小さい．

閉鎖系の状態の変化はエントロピーが増大する方向でのみ起こる（エントロピー増大の法則，熱力学第二法則）．人間の生産活動は，資源とエネルギーを用いて，有用な，多くの場合エントロピーを減少させた製品を作り出す．しかし，その結果として同時に，有用性の低い高エントロピーの廃物を必然的に生み出す．全体としてみれば，エントロピーを増大させる．これは避けることができない．何のエネルギーも投入せずに，すべての廃棄物を人為的に元に戻すことは不可能である．

資源を残しておくことは永遠にはできない．人口が年々増加している現実を考えれば，それは不可能である．資源は時間の関数といってもよいかもしれない．

現在の先進国の生産と消費は，原始採取時代のような暖をとるためのエネルギーや，衣服，食糧の充足ではない．大量の資源は，先進国の高付加価値製品生産，つまり"し好"を充足するための生産に費やされているのである．そうである以上，自然環境とは異なる条件を人為的に与えないかぎり資源留保の方向には動かない．なぜなら，基本的に採取天然資源は安価であり，再生資源は必ず高価になるからである．

そのようなときに，人間の認知限界は重要な境界値になる．なぜなら，人間は，見えないものは認識しない，認識しないものは考慮しない，認識していないものに

ついては感受性を排除するからである．図8・8に，人間の意識と距離の関係を模式的に示した．家族のような身近な人間の直近の活動には非常に意識が高いが，世界のどこかの子供たちの世代以降の未来には思いをはせることはほとんどできないのである．もし将来のエネルギー・資源を今のわれわれが担保していこうとするなら，相当の想像力を働かせねばならない．繰返しになるが，新しい経済的な価値観，言い換えればペナルティー（罰）とインセンティブ（動機）を導入しないかぎり，自発的な動きを期待することは絶望的である．

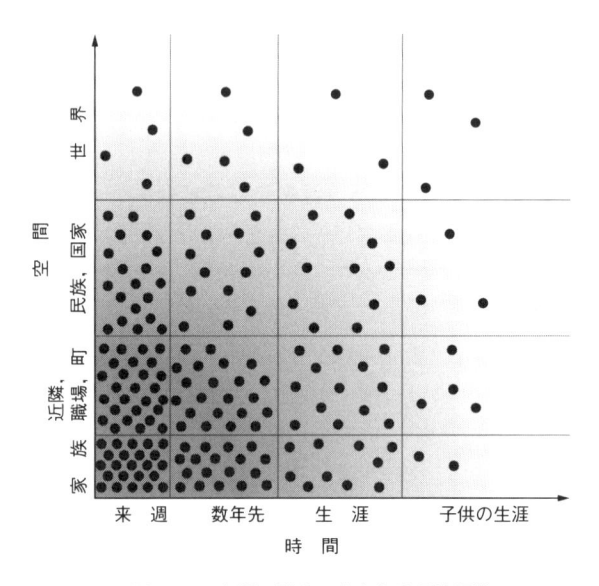

図8・8　人間の関心の高さと地理的距離

　資源エネルギーの消費量を減少させることがあまり多くの苦痛を伴うものであっては受入れられるものとはなりえない．生活の水準と質をある程度維持しながら，資源エネルギーの消費量あるいは地球環境に与える影響を減少させることを考えなければいけないが，これは大変難しい．
　少なくとも現在の生活を続けていくためには，より少ない地下資源の投入で，より多くのGDP（国内総生産），より多くの製品性能を実現することが必要である．製品の性能を資源の投入量で割ったもの，あるいはエネルギーの投入量で割ったものを資源生産性とする定義がある．製品の性能を2倍にして，資源の投入あるいは

エネルギーの投入を従来の半分に減らせば，資源生産性は4倍になる．これを**ファクター4**という．ワイツゼッカー（E. V. von Weizsäcker）あるいはロビンス（A. B. Lovins）は，ファクター4を主張している．シュミット＝ブレーク（F. Schmidt-Bleek）は2050年までに**ファクター10**，つまり10倍の資源生産性向上を実現すべきだと主張している[4]．

ファクター4となる根拠は，OECD諸国は，人口が全世界の20％であるにもかかわらず，全世界の資源の80％を使っていることによる．これは非常に不平等である．したがってわれわれは直ちに資源エネルギーの使用を4分の1に減らさなくてはいけないという考え方である．

一方，2050年を考えると，ファクター4では不十分であるという考え方がある．なぜなら，1990年に比べて2050年の人口は2倍に増加すると推定され，1人当たりの所得も，おそらく中国・インドの急速な経済成長を考えると大体5倍に増加する．環境影響を"人口"と"GDP/人口"と"環境影響/GDP"の積と考えると，前二項の積は10倍に増える．したがって，2050年の環境影響を1990年と同じ水準に保つためには，"環境影響/GDP"を10分の1に下げなくてはいけない．つまり，資源生産性を10倍に高めなくてはいけない．これがファクター10という考えである．

非常に大まかなアイデアであって10に意味があるわけではないが，わかりやすい数値として使われている．技術革新，あるいは社会システムの革新，価値観の革新をしないかぎり，抜本的に問題が解決できないことは明瞭である．

これらの工夫を繰返し，われわれはなるべく多くの地下資源を子孫に残す努力が必要である．

参 考 文 献

1) H. Meadous ほか著, 大来佐武郎監訳, "成長の限界 ― ローマクラブ「人類の危機」レポート" ダイヤモンド社 (1972).
2) 西山 孝, "資源経済学のすすめ ― 世界の鉱物資源を考える（中公新書1154）", 中央公論社 (1993).
3) 飯山敏道, "鉱床学概論" 東京大学出版会 (1989).
4) APEC環境技術交流促進国際シンポジウム
   http://www.apec-vc.or.jp/apec_j/net/yamamoto/page01_5.htm

9

リサイクルは地球を救えるか

9・1　リサイクルの意味は何か

　最近，ごみを捨てるのがたいへん面倒である．教授室には相当量の紙が送られてくる．ときには報告書などがダンボールに入って送られてくる．いざ捨てるとなると，最低でも雑誌と封筒，ダンボール，OA 用紙，新聞紙の 4 種類に分別する必要がある．分別をするのは，リサイクルのためである．こんな面倒なことをする必要があるのだろうか．必要だとしても，それだけの価値があるのだろうか．価値があると判断するには，どんな情報を集め，どのような解析を行わなければならないのだろうか．それには，多少歴史を振り返ってみるのがよいかもしれない．

　30 年ぐらい前まで，くず屋と称する商売が存在していた．正式には廃品回収業である．缶詰の空き缶一つでも，場合によると有料で引き取ってくれた．台所から出る空き缶は，きれいに洗われて，回収のために保存されていた．ちなみに，飲料はたいてい瓶に入っていて缶容器は一般的ではなかった．もちろん，ペットボトルはなかった．

　今では，廃品回収業はほとんど存在しない．その理由はなぜだろうか．図 9・1 に鉄のスクラップの価格の推移を示す．図 9・2 は所得の推移である．

　1 人で鉄のスクラップを 1 日 1 kg 収集できるとしよう．1 kg が 1 万円で，30% ぐらいを提供者に払い戻したとすると，1 日に 7000 円になる．そのときの 1 人当たりの平均所得にこれが近ければ，商売成立ということになる．

　これは何を意味するか．まず，**リサイクル**（再利用）とは，完全に経済行為であるということである．しかも，資源の価格と人件費によって決まる行為である．日本のような経済成長を実現させ，人件費が高騰し，そのために為替レートが円高になり，資源の国内価格が相対的に低下した国においては，リサイクルは行われなくなってもまったく不思議ではないのである．

　しかし，この現代経済の仕組みは，奇妙であるとの意見もある．すなわち，資源

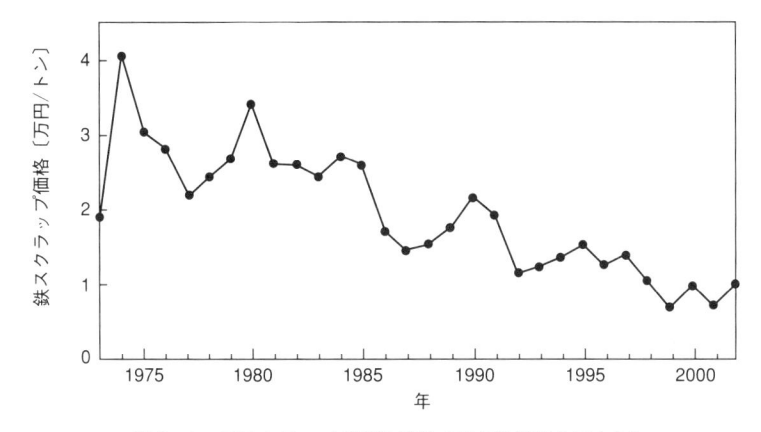

図 9・1　鉄スクラップの価格推移　[日本鉄源協会による]

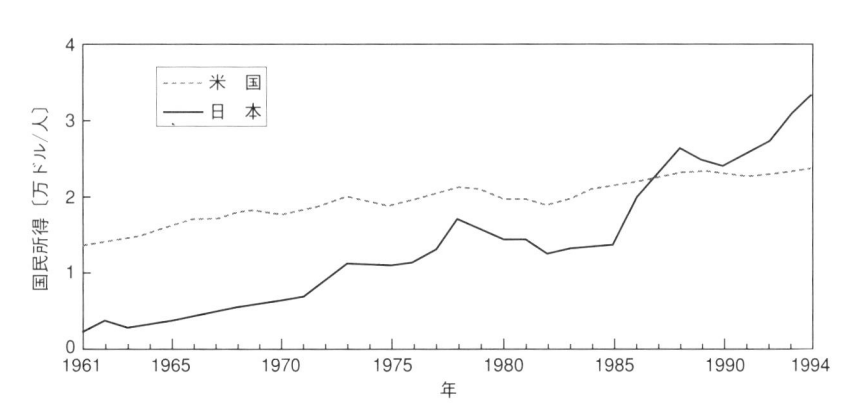

実質国民所得は米国における 1995 年の物価指数を基準にした [IME (国際通貨基金), "International Financial Statistics Yearbook (National Income)" による]
図 9・2　日米の個人所得の推移

のような全人類にとって共通の価値のあるものは,経済的に成立しないときにも,何らかの政策を立案することによって,リサイクルが行われるようにすべきだ,という意見である.

すべてを自由経済の下に運営しないのであれば,それには何らかの理由付けが必要になるだろう.さて,どんな理由が考えられるだろうか.リサイクルをしなければならない理由,もしくは,リサイクルを推奨する理由として,

❶ 地下資源の枯渇が防止できる．ただし，エネルギーは多少大目に使うことになる．
❷ 何らかの環境負荷の低減になる．
❸ 環境負荷も消費エネルギーも増えるが，雇用を確保するという効果はある．
❹ そもそも製品を作る企業にとって，リサイクルは責任の範囲内の行為である．

さて，日本におけるリサイクルはどんな理由で行われているのだろうか．どうも純粋経済行為として行われているものは少ないようだ．一説によれば，いったん消費者の手を経た製品から資源を取出すとしたら，貴金属，銅，アルミニウムのみが経済行為として成立するという．さて，日本におけるリサイクルはどんな状況にあるのか検討してみよう．

9・2 日本の事情

日本のリサイクルは，1991年に成立した**リサイクル法**(資源の有効な利用の促進に関する法律) にその起源があるように思える．(もちろんそれ以前からも，廃棄物処理法の中にごみの減量という考え方がある.) 当時何が問題だったのだろうか．

図9・3にわが国におけるごみの最終処分量の推移を示す．1991年をピークとして，最終処分量が減少の一途であり，ピーク時に比べ，2000年において半分強というところまで減少してきている．

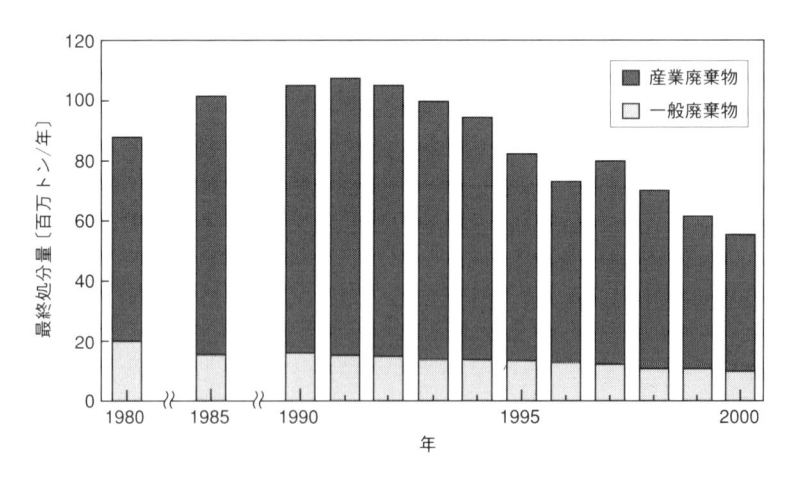

図9・3　日本におけるごみの最終処分量の推移 ［循環型社会形成推進基本計画による］

さて，それではどうやってこの最終処分量を減らしたのだろうか．捨てなければよいのだから，長期間使うということがよさそうである．確かに，これが究極の解のように思える．しかし，1991年から2000年で，そんなにも長寿命の製品が増えたのだろうか．家電にしても自動車にしても，多少保有する年数が延びたものの，それでも，最終処分量が半分に減少するというものでもない．となると別の方法があったに違いない．それは，製造過程の徹底的な合理化によって，廃棄物を減らすという方法である．

すでに述べたように，素材の価格というものは，1970年代に比べれば，1990年代には相当に落ちている．したがって，捨てるのにさしたる費用が掛からなければ，不要なものはすぐさま捨てるということが経済的に合理的な手段であった．沿岸地域の自治体にとっても，埋立てによって新しい土地を造り，それを開発して収入にするといううまい方法がとれた時代であった．すなわち，埋立てに使えるものであれば，廃棄物が大量に出ることが歓迎される時代でもあったのだ．

ところが状況がかなり変わってきた．その一つの例を，東京多摩地区の一般廃棄物最終処分場が設置されている日の出町にみることができる．最初の谷戸沢地区の最終処分場は，1981年に開場された．しかし，10年足らずで満杯に近くなり，自治体からなる処分組合は，1991年には，第二処分場の建設を日の出町に申し入れた．しかし，1992年に，谷戸沢の最終処分場のゴムシートに穴が開き，廃水が漏れ出していることがわかり，さらには，ダイオキシン問題などの影響によって反対運動が起こった．その後各地で最終処分場の建設にはかなり強力な反対運動が起きることが通例となった．すなわち，最終処分場の空き空間が，自治体にとっては貴重な財産になったのである．

産業廃棄物にとっても状況は同じようなものであった．香川県豊島（てしま）の不法投棄などの発覚によって，産業廃棄物最終処分場の建設には，きわめて良質な処分場を相当な投資を行って造るか，あるいは，強力な反対運動を覚悟するか，といった選択を迫られることになった．

いずれにしても，産業廃棄物の処理処分に相当のコストが掛かるようになった．当時の通産省も，日本における廃棄物処分の限界が，産業全体の足を引っ張る可能性を心配しはじめたのである．そんな状況で，これまで気楽に出していた産業廃棄物を減少させることが，企業の製造コスト削減にとって重要な戦略となり，その結果，最終処分量は1991年をピークに下がりはじめたのである．

しかし，それでも限界はある．家庭から出るごみは，なかなか減らない．かなり

努力しても，1日1人当たり1kg以上のごみが出てしまう．そこで，新しい対応策を練る必要が出てきた．

さてどんな方法があるのか．最善の方法は，何回もいうように，ごみを減らすことである．しかし，ごみは出る．それなら，"ごみを集めて資源にしよう"という発想はどうだろう．これがリサイクルである．

すなわち，これは何を意味するのか．昔から行われていたリサイクルを例外として，日本のリサイクルは，本来の意味であると思われる金属資源の節約とか，エネルギーの節約とかいった動機によって開始されたものは少なく，大部分は，廃棄物を減らすという動機によって行われているのである．

9・3 容器包装リサイクル法によるリサイクル時代の幕開け

家庭から出るごみを集めて資源にしよう．これが日本のリサイクルの動機だとするならば，何をやるべきか．ごみの性状を知ることが最も基本的な行為だろう．

図9・4に，日本の家庭から出るごみの内訳を示す．容積比では，なんと約60％のごみが容器包装関係である．重量でなく容積を考慮するのは，埋立地の場合，ごみのかさが問題だからである．となれば，容器包装を集めて資源化することによって，最終処分量を減らすことは可能になると考えるのは，妥当だろう．

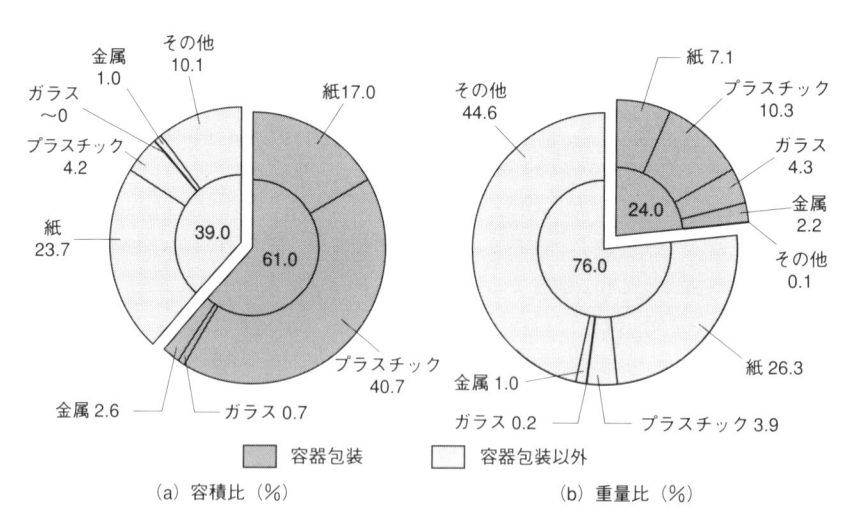

図9・4 日本の家庭から出るごみの内訳 [2001年度．"環境白書（平成15年版）"，環境省編，p.156，ぎょうせい (2003)]

9・3　容器包装リサイクル法によるリサイクル時代の幕開け

そこで，容器包装をリサイクルする社会システムを模索することになった．そしてできたものが，1995年の**容器包装リサイクル法**である．この法律は，容器・包装に関する最初のリサイクル法であるために，さまざまな妥協の産物でもあった．容器や包装を製造し使用する事業者は，当然のことながら，費用負担が増えるこのような法律には反対をした．事業者には2種類ある．容器包装製造業者であり，容器包装利用業者である．本来，システムを簡単にするためには，容器包装を製造する段階で処理料を負担すれば比較的簡単な社会システムになるのだが，利用する事業者に対して処理料の負担を求めることが容器包装の減量につながると考えたのか，最終的には2種類の事業者に負担を求めるシステムとなった．

自治体にとっても，廃棄物処理はみずからの守備範囲であり，そのために多くの職員をかかえている．守備範囲が減ることは，きわめて都合の悪いことである．そのため，収集に関しては自治体が行うという枠組みにせざるをえなかった．しかも，この容器包装リサイクル法にのっとった回収を行うかどうかについては，自治体が独自の判断で行うという仕組みになった．

容器包装リサイクル法は1997年4月から部分的に施行された．対象は，ペットボトルとガラス瓶のみであった．アルミ缶，スチール缶，紙容器などは，それぞれ有価物としてリサイクルされているとの認識に基づき，リサイクルシステムを新たに構築する必要はないとされて，容器包装リサイクル法の対象にはならなかった．2000年4月に完全施行され，ペットボトル以外のプラスチック，紙などの容器包装も対象となった．

しかし，東京都は，もともとペットボトルについて行政による回収を行わず，その他プラスチックや紙についても行政回収を行っていない．それは，飲料業界と東京都との対立構造があったことが原因であろう．そもそも，東京都はごみの発生量の抑制を飲料製造業界に求め，ペットボトルの使用量の削減を求めた．飲料業界も大型のペットボトル以外の500 mLといった小型のペットボトルは使用自粛をしていた．ところが，輸入ミネラルウォーター入りのペットボトルが好調に販売されたこともあって，東京都などの自治体の反対を押し切って，飲料業界は96年4月に"小型ペットボトルの使用自粛に関する自主規制"を撤廃した．その結果，500 mLのペットボトルが大量にあふれ出した．東京都は，東京ルールというものを定め，ペットボトルの店頭回収を主軸とした対策を打ち出した．このような状況下で容器包装リサイクル法が施行されたために，東京都は店頭回収という独自の方法論を続けているのが現状である．

他の自治体では，ペットボトルの行政回収を行っているところも多い．図9・5にペットボトルの生産量と回収量の推移を示すが，2001年実績で，回収率は40％を超えた（経済産業省発表資料）．さらに2002年には，45.6％になったという（環境省報道資料）．しかし，ごみとして排出されている量，すなわち，生産量から回収量を引いた量は，ほとんど変化していない．

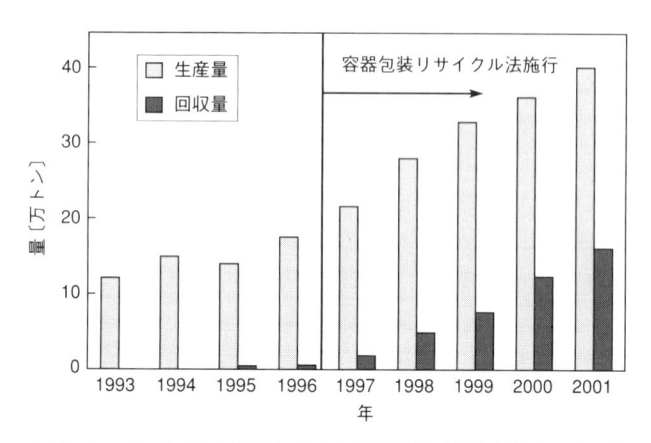

図9・5　ペットボトルの生産量と回収量推移［経済産業省による］

容器包装リサイクル法によって，一般市民社会がリサイクルという行為に慣れたこともあって，つぎに家電リサイクル法が導入された（1998年）．この法律は，世界で最初の家電製品に関するリサイクル法で，テレビ，冷蔵庫，エアコン，洗濯機の大型家電製品について，新品購入などの理由で不要になった製品は，処理費用を消費者が負担しなければならないことになった．

その後，建設リサイクル法（2000年），さらには，食品リサイクル法（2000年）などが制定され，日本は世界的にみてもリサイクル社会になったといえる．

9・4　さまざまなリサイクルの意味
9・4・1　資源・エネルギーの節約

歴史的に行われてきたリサイクルは，最初にも述べたように，廃品回収業者によるものであった．主として，金属とガラスがリサイクルの対象になっていた．

一般に，金属類は，鉱石を採取し，精錬によってそれから金属を取出すよりも，すでに金属になっている製品から金属を取出す方が，エネルギー消費量の観点から

いえば有利である．

特に，アルミニウムは，鉱石のボーキサイトから鉄分を除去してアルミナという酸化物にし，それを高温で溶融状態にし，電気分解してつくるという相当なエネルギー大消費型の物質である．それに対し，融点が627℃と低いこともあって，廃アルミ製品からアルミ地金をつくるのには，それほどのエネルギーを必要としない．一説によれば，地球から資源を採取して製造する場合に比べ，アルミスクラップからアルミ地金をつくるのに要するエネルギーは，わずか数％であるという．すなわち，アルミ地金に対する需要があるのならば，アルミスクラップを使うことが，経済的にも成立する行為である．

鉄の場合でも，エネルギーは75％の節約になると主張されている．ガラスは，それほどの節約になるわけではない．25％の節約になる程度である．

しかし，いずれにしても，このような物質の場合には，リサイクルによって単に金属・鉱物資源の節約だけではなく，同時にエネルギーの節約にもなっている．すなわち，リサイクルの意味の最大のものは，金属・鉱物・エネルギー資源の節約にある．

9・4・2 紙のリサイクルの意味

それでは，紙のリサイクルはどうだろう[1]．図9・6は，横軸に古紙からつくった再生パルプの含有量を，縦軸には二酸化炭素（CO_2）放出量をプロットしたもの

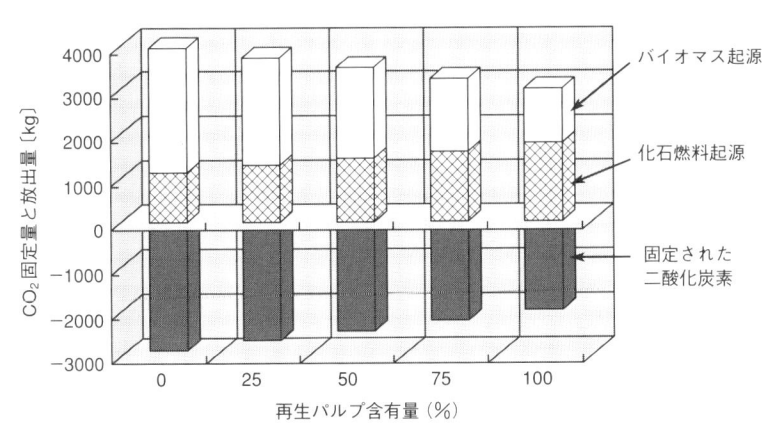

図9・6 紙のリサイクルによる二酸化炭素排出量の変化［中澤克仁，桂 徹，安井 至ほか，紙パルプ技術協会誌，57(8)，96～105（2003）より作成］

である(この図は,LCA という手法によって,東京大学生産技術研究所安井研究室によって作成された).

ライフサイクルアセスメント(Life Cycle Assessment;LCA)　いかなる製品をつくる場合でも,まず素材を製造することから始めるが,それには,何らかの資源やエネルギーを地球から得る必要がある(採取段階).つぎに,加工・組立て工程が必要になるが,その際にも,最低限エネルギーは必要である(製造段階).製品は,単なる飾り物でないかぎり,何らかのエネルギーや保守のための部品が必要となる.自動車などはその典型で,ガソリンを消費してはじめて活用される(使用段階).製品は古くなると,廃棄されるか,あるいは,部品や材料に分けられてリサイクル・リユースが行われる(リサイクル段階).しかし,いつの日か全部が廃棄される運命である(廃棄段階).このような採取から廃棄に至る段階を製品のライフサイクルとよぶ.全ライフサイクルにわたって,地球から人間社会に入力される資源・エネルギーと,人間社会から地球に排出される廃棄物や排出物をすべてもれなく表の形に記述する作業を,ライフサイクルインベントリーアセスメント,一般にはライフサイクルアセスメントとよぶ(インベントリーとは,財産目録といった意味である).

　この図を見てわかることは,再生パルプの含有量を増やすと,製造に伴う二酸化炭素放出量は総量としては低下するものの,製造に必要なエネルギーなどの化石燃料起源の放出量は逆に増えるということである.バイオマス起源,すなわち,原料の木材を起源とする二酸化炭素排出量は,京都議定書(11章参照)によれば,ゼロと勘定することになる.なぜならば,木材がもともと吸収し固定した二酸化炭素を再放出するからである.もしも京都議定書による温室効果ガスの放出削減が最大の課題であるとしたら,化石燃料起源のエネルギー消費を削減すべきことになる.となると,紙中の再生パルプの量はゼロ,すなわち,全面的にバージン原料を用いた紙が優れていることになる.
　しかし,このような見方はまさに一面的にすぎる.単一の環境負荷を削減対象として取上げると,こんな妙な結論が得られることが多い.
　(若干の脱線をすれば,ダイオキシンを最大の環境リスクだと認識して起きた90年代後半のダイオキシン狂騒曲も,ダイオキシンだけしかみないことによるこっけいな騒ぎであった.)
　さて,それでは,なぜ紙はリサイクルをするのだろうか.理由は簡単である.世

9・4 さまざまなリサイクルの意味

界中が紙のリサイクルを止めてしまったら，現在の倍の森林伐採が必要になるからである．もしもそんな事態になれば，深刻な自然破壊につながる（3章参照）．今後，中国などの国々がますます経済発展をして，紙の消費量が増大すれば，森林破壊の可能性が高くなる．なお，紙の過剰消費が起きたとしても，破壊される森林は，そもそもあまり紙の原料になっていない熱帯林ではなく，紙資源のための植林事業が行われている高・中緯度の森林であろう．ただし，熱帯に近いところでもまったく可能性がないわけではない．

紙の原料は木材に限らない．紙の起源だといわれるパピルスも，原料は木材ではなく，草である．したがって，森林資源の過剰消滅が問題であるのなら，非木材を原料にする紙を製造することが正しい選択なのではないか．

これについては，二つの事柄を指摘してみたい．まず，排出する二酸化炭素量である．図9・7は，ケナフやバガス（サトウキビのかす）を使用した場合の二酸化炭素排出量を示す．この計算では，国内でケナフ・バガスが製紙原料に使われることを仮定しているが，どうやら環境負荷が下がることはないようにみえる．

もう一つがケナフという草の特性である．工業原料として考えたとき，草には困った特性がある．腐ることである．したがって，ケナフを原料とした紙製造を考えると，長期保存をしないで，どちらかといえば，収穫後あまり時間を経ることなく，原料に使用することが望ましい．となると，生産地と工場は，隣地に存在して

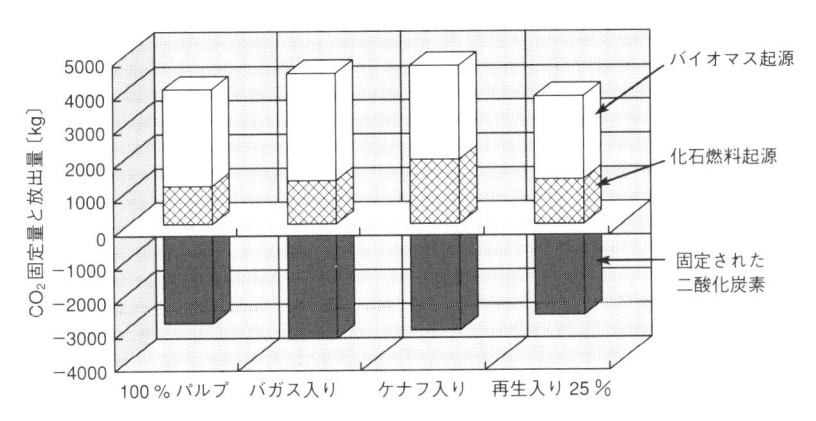

図9・7 ケナフ，バガスなどの非木材からのOA紙製造に関する二酸化炭素の放出
[中澤克仁，桂 徹，安井 至ほか，紙パルプ技術協会誌，**57**(8), 96〜105 (2003) より作成]

いることが理想的ということになる．もちろん，ケナフの成長は，気温の高い地域が速い．東南アジアのある地域にケナフ専用の製紙工場を建設し，その周囲にケナフ畑をつくるといった形式が望ましいようだ．

9・4・3 家電リサイクル法の意味

2000年4月から施行された**家電リサイクル法**は，テレビ，冷蔵庫，エアコン（エアコンディショナー），洗濯機の4品目について，使用後には消費者の費用負担で再商品化を行うことを定めたものである．テレビであれば，廃棄時に2700円の費用負担があるため，不法投棄の原因になると心配された．実際，不法投棄は若干増えたようだ．2003年7月17日に2002年度の家電4品目の不法投棄実績が環境省のHPで発表された．合計は，153,026台で，初年度の2001年度の129,000台から多少増加している．しかし，総回収台数が増えているから（855万台→1015万台），比率としては横ばいで，おおむね1.5％程度である．

不法投棄は，リサイクルとは無関係だと思われるかもしれないが，実はそうではない．経済行為として成立するリサイクルだけが行われている場合であれば，その対象物は有価物であることになり，どこかに売り払うことが可能だから，不法投棄は行われないと考えられるからである．このように考えると，有価物ともいえるエアコンを除くと不法投棄される家電3品目は有価物ではなさそうである．するとつぎの興味が，この家電4品目のリサイクルによって，環境負荷はいささかでも低減されたのか，という問題だろう．

この問いに正確に答えるのはきわめて困難である．中村によれば，廃棄物産業連関分析による解析で，埋立地消費，二酸化炭素発生を考慮すると，家電リサイクル法によって環境負荷は下がっている，との結論のようである[2]．

家電リサイクル法以前には，廃家電製品は自治体が回収し，シュレッダーで破砕し，10数％程度の鉄分の回収をする程度の処理しか行われておらず，大部分は埋立てられていた．家電リサイクル法が定める再商品化率は50～60％であるから，明らかに環境負荷面でのメリットはあるものと予想できるからである．しかし，リサイクル後の材料の変化が十分に考慮されているとはいいがたい．

ただし，先ほどから述べているように，廃家電そのものに経済的な価値があるというわけではない．これは，人件費の高い日本のような国の特性が決めていることである．消費者から徴収している再商品化費用は，この高い人件費を補てんするための費用であると考えれば，それなりの納得が得られるのではないだろうか．しか

し，再商品化費用の意味について，環境省，経済産業省ともこのような説明は積極的には行っていないように思える．

9・4・4　容器包装の機能とリサイクル

一般家庭から出る資源ごみとよばれるものの大部分は，容器包装である（図9・4）．容器包装廃棄物の埋立てには膨大な最終処分地が必要になる．しかも，年月を経て徐々に体積が減少するため，埋立地そのものの安定性も悪いものになる．東京湾の"夢の島"は，もともと廃棄物埋立地であった．すでに公園などとして使用されているが，いまだに地盤沈下が続いているようである．

さて，容器包装といっても，さまざまな種類がある．容器包装リサイクル法が1995年に制定され，1997年から一部が施行されたことは§9・3で述べた．容器包装リサイクル法の対象になっていない容器まで含めて，ライフサイクルでの環境負荷を検討した例として，容器間比較研究会の報告書がある[3]．

それによれば，環境負荷の大きな容器として，ワンウェイ（使い捨て）のガラス容器，ペットボトル，スチール缶，アルミ缶があり，比較的環境負荷の低い容器として，リターナブル（繰返し利用）のガラス容器と紙容器がある．となると，環境負荷だけを考えれば，すべての容器をリターナブルのガラス容器と紙容器にすることが究極の容器利用であると結論するのがよいように思える．

しかし，物事はそう簡単ではない．なぜならば，容器といってもそれぞれ機能がまったく異なるからである．容器の最大の機能は，食品などの内容物を保存する機能である．缶詰は数年間の保存を可能にし，瓶詰でもやはり数年は大丈夫である．一方，紙パックに詰められた飲料の賞味期限は短い．たとえば，牛乳なら1週間から10日だろう．しかし，アルミ箔を挟み込んだ紙パックであれば，数カ月の保存が可能になる．

以前ならば，缶詰あるいは瓶詰でなければ実現できなかったほどの保存期間が，アルミとプラスチックの多層構造から成る包装材によって実現可能となった．レトルト食品の包装に使用されている材料である．このような材料は，絶対的な使用量がガラス瓶に比べて少ない．環境負荷は，おおむね，材料の使用量に比例すると考えてよい．となると，このように軽量化された容器であれば，ガラス瓶よりも環境負荷は低いものと考えてよいことになる．

一方，スーパーの食料品に使われている発泡スチロールのトレイは，その食品の保存にそれほど大きな寄与をしているわけではない．そして，消費者が自宅に持っ

て帰れば，すぐにごみになる．包装材料の寿命はたかだか24時間以内，かつ，機能的には非常に限定されている．その最たるものがレジ袋であるのかもしれない．場合によると，使用されている時間はたったの5分間かもしれないからである．

このように，容器包装材料といっても，それぞれ機能が大きく異なるために，環境負荷だけの単純な議論を行うことは適当とはいえない．このような考え方から，どの容器包装材料のリサイクルが優れているといえるだろうか．

アルミ缶は，商品寿命が最大数カ月であり，比較的機能としても大きい．アルミ缶をまたアルミ缶へとリサイクルをすることが可能であり，若干途中で廃棄物になってしまうものの，比較的少ないエネルギーを使用してもとの価値を取戻す割合が大きい．そのためリサイクルについては優等生である．

スチール缶は，アルミ缶同様に機能は十分である．しかし，現状では，もとに戻っているとはいいがたい．しかも，上ぶたの部分はアルミ製であり，これは1回限りの使用が普通である．スチール缶のリサイクルは，やはりアルミ缶には負けているといえるだろう．

ガラス瓶であるが，後述のように，瓶のまま再使用される場合には，非常に優れた特性を示すが，いったん，破砕されてガラス原料になってしまうと，再溶融にかなり大量のエネルギーを必要とすることもあり，リサイクルの価値は低くなる．

問題は，ペットボトル，あるいは，ポリエチレン・ポリプロピレンなどのフィルム類である．これらプラスチックのリサイクルについては，大きな問題であるので，次項で別途検討してみる．

9・4・5　プラスチックという材料の特殊性とリサイクル

リサイクルにはさまざまな意味があるが，金属資源や鉱物資源を若干のエネルギーを投入することによって有効活用する方法であると考えることは妥当であり，かつ考えやすい．ところがプラスチックのリサイクルになると，かなり状況が異なる．それは，原料が石油であり，なおかつ，プラスチックそのものが燃焼可能な素材であることによる．

極端な主張として，"プラスチックは石油が変形したものにすぎない．したがって，使用後には，燃料として有効活用すれば，それで石油としての使命を果たしたことになる"，というものがある．はたして，そのような考え方がどこまで妥当なのだろうか．

図9・8は，プラスチックの製造に使用されるエネルギーと，その中に占めるプ

ラスチックとして残っているエネルギー,すなわち,燃焼することによって得られるエネルギーを示す.後者は,しばしばフィードストックエネルギーとよばれる.この図から,おおむねプラスチックの製造のためには,プラスチックとして残っているエネルギー分と同程度の,プロセスエネルギーとでもよぶべきエネルギーが必要であることがわかる.

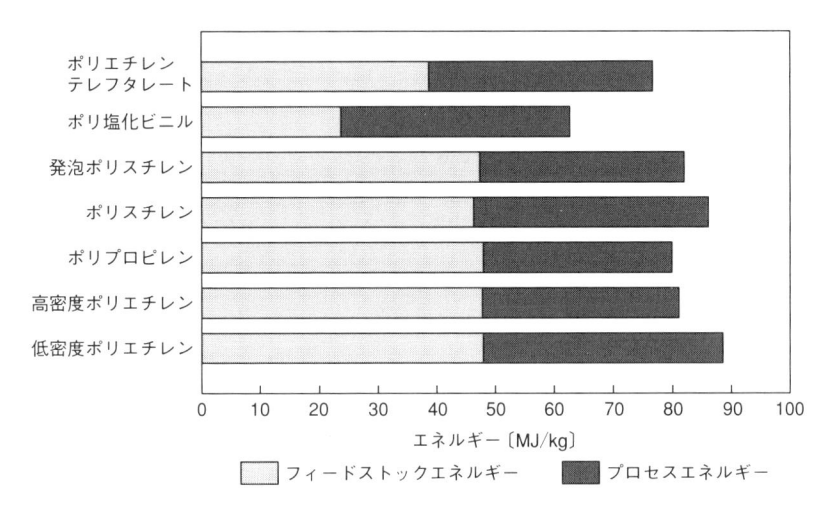

図9・8 プラスチックの製造エネルギー [欧州のプラスチック環境負荷報告書より作成]

すなわち,プラスチックは確かに石油からできたものであり,燃焼してエネルギーを得ることができるが,合成のために消費されたプロセスエネルギーは回収できない.すなわち,プロセスエネルギーは無駄になるということがわかる.特に,ポリ塩化ビニル(PVC),ペット樹脂(PET,ポリエチレンテレフタレート)については,フィードストックエネルギーがプロセスエネルギーに比較して少なく,燃焼があまりよい対処の方法ではないことがわかる.

ペット樹脂の燃焼による発熱量が低いのは,分子構造の中にエステル結合($-CO-O-$)を含むからである.すなわち,酸素が含まれているということは,部分的にすでに酸化されていることを意味するからである.

ペット樹脂は,主としてペットボトルの製造に使用される.ペットボトルの回収はかなり一般的となり,回収物への不純物混入量も改善されてきた.収集されたペットボトルは粉砕され洗浄され,ペット樹脂のフレークになる.しかし,その用

途は，ペットボトル製造のためではない．再生ペット樹脂からつくったペットボトルは，新品に比べるとわずかに透明度が低く，商品価値が低いとされる．さらには，もしも毒性が高い物質などを入れたペットボトルが回収されたときに，再生樹脂から製造したペットボトルの安全性も保証できないといわれており，再生樹脂は，シート状に成形されて電気製品の包装用に使用されるものが多い．かつては，繊維の原料として使用されていたが，この用途はあまり伸びていない．

　欧州の状況をみると，ペットボトルはリユース（再使用）されている．すなわち，再度飲料が充てんされて商品として売られている．ペットボトルは傷が付きやすいものなので，売られているミネラルウォーターやコーラのペットボトルは傷で真っ白である．それでもあまり気にする消費者はいない．一方，わが国では，ペットボトルに傷があれば，それを避けて買う消費者が多い．傷があっても，中味の飲料になんら影響はないと考えられるのに，である．

　ペットボトルのリユースは，ガラス瓶のリユースとは異なり，どのような飲料でも充てんするというわけにはいかない．まず，ビールのように酸化によって劣化する飲料には適さない．また，コーラなどのように，飲料に香料が添加されているものについては，ボトルに匂いが残るため，同じ飲料のために使うことになる．すなわち，ミネラルウォーター用，コーラ用，その他の炭酸飲料用などで，異なった形のものが欧州では使われている．

　日本では，このようなペットボトルのリユースは不可能であるとの見解が一般的である．しかし，**クローズドループリサイクル**を実現するために，**ケミカルリサイクル**が行われようとしている．すなわち，ペットボトルを化学的に分解して原料まで戻し，再度樹脂に重合するという方法である．この方法がはたして経済的に成立するものか，さらには，環境負荷が増えるという可能性はないのか，今後，動向を見極める必要がある．

　ポリ塩化ビニルとペット樹脂以外のプラスチックを不純物の混入を避けて回収するのはかなり難しい．発泡スチロールが唯一可能のように思える．また，発泡スチロールについては，実際にリサイクルを行っている業者も存在する．リモネンというかんきつ類の皮に含まれる油分を使用して，発泡スチロールを溶解し，回収するという試みもある．しかし，消費するリモネンの価格が高く，またリモネンの有害性も指摘され，将来の主流になるものとは思えない．

　その他のプラスチック類，ポリエチレン，ポリプロピレンのフィルム類は，さまざまな混入を避けることが困難で，リサイクルには適さないであろう．ケミカルリ

サイクルも不可能に近いだろう．ただし，相当に手間をかけて，比重によって分離することは不可能ではない．となると，これらのプラスチック類は，やはり何らかのかたちでエネルギー回収を行うことが有力な選択肢になるだろう．容器包装リサイクル法における再商品化手法として，単純な焼却によってエネルギーを回収する手段は認められていない．製鉄用高炉への吹き込みや，コークス炉での燃料化といった特殊な用途のみが再商品化手法として認められている．

今後，フィルム状の製品がさらに増えるのであれば，何らかの対応を取らざるをえないだろう．しかし，石油の価格が上昇するようなことが起きれば，現在のようにプラスチックフィルムを好きなだけ使用している時代は早晩終わるだろう．そうなれば，どのような方法でもよいから効率良くエネルギーを回収し，発電したり，あるいは，水素を製造するといった方法が開発されるべきなのだろう．

ただし，よくよく考えるべきことがある．それは，たとえば50年後，あるいは，100年後には，どのような材料が使われているだろうか，ということである．20世紀後半から21世紀前半は，利便性が最優先され，安価な材料が大量に使用された．その材料の機能が特に必要でないものであっても，である．しかし，石油などの化石燃料の限界が明らかになるにつれて，無意味な材料，限定された機能と限定された使用時間しかもたない材料は，徐々に排除されるのではないだろうか．

はたして，ポリエチレン・ポリプロピレンのフィルム類は50年後にどの程度の量が生産されるのだろうか．発泡ポリスチレンはどうだろう．さらに，スチレンはどうだろうか．テレビのケースは，50年後にもやはり難燃剤を加えたポリスチレンなのだろうか．ポリ塩化ビニルは，20世紀後半には焼却するとダイオキシンを発生する可能性があるという理由で嫌われ者であった．50年後には，はたして，消滅しているのだろうか．

こんな考え方をもつことが，材料を使う場合の正しい指針を得る方法ではないだろうか．

9・4・6　古き良きリターナブルガラス瓶——共通瓶が鍵

以上のように考えると，最終的には，環境負荷の低い古き良き材料と容器が残り，その一方で，環境負荷の低い最新鋭の超軽量高機能の容器・包装が開発され使用されるのだろう．

古き良き容器としては，**リターナブルガラス瓶**が最高の候補である．環境負荷の計算では，20回程度使用するリターナブル瓶が最も優れたものであり，さらに，

ガラスという素材のもつ特性として，どのような飲料にでも採用が可能だからである．いくらリサイクルしても，やはりリユースにはかなわないのである．

しかし，現時点では，リターナブル瓶はむしろ絶滅危惧種である．以前は，一升瓶もリターナブル瓶として使用されていた．しかし，徐々に消滅しつつある．やはり大きくかさばるので回収の手間がかかるのだろう．

スウェーデンの状況をみると，図9・9に示すように，共通瓶という考え方が存在することがわかる．コーラもジュースも，またミネラルウォーターも，同じ形状の瓶に入っている．ラベルと王冠が違うだけである．これでも，実際のところ何も困ることはない．しかし，日本における飲料業界は非常に競争が激しく，他のメーカーとの独自性が最重要項目である．特注の瓶を使用しないかぎり，商品が売れないと信じているメーカーが多い．

図9・9　スウェーデンの飲料瓶（同じ形状をした透明ガラス瓶である）

最近，少し復活の兆しがみえてきた．R瓶とよばれる300mLと720mLの清酒用のリターナブル共通瓶の規格ができて，一部清酒メーカーが採用を始めた．これをきっかけに，ビール，牛乳瓶だけでなく，さまざまな容器がリユースされるようになれば，日本の循環型社会も本物になったといえるだろう．

9・5 リサイクルは地球を救えるか

　執筆可能な量が限られているために，リサイクルについてトピックス的なものを取上げてみた．しかし，ここで取上げたもの以外にも，まだまだ多様なリサイクルというものがある．リサイクルとは，使用済みの容器などを単に元に戻すということではなく，材料の劣化やリサイクルのために必要なエネルギー量，さらには，収集・分別のための人件費などといった複雑な要素を含む行為である．

　材料を製造している企業側からみると，リサイクルを行わなければならないということが，かなり重荷であるように思われている．そのためもあって，企業側の論理を代弁するかたちで，"リサイクルをしてはいけない"といった主張がされる．

　この手の新しい主張として，§9・4・5で述べた"プラスチックは熱回収"というものがある．たしかにある場合には熱回収が妥当だろう．しかし，本来は，個別の状況をしっかりと見極めたうえで判断すべきことである．すなわち，リサイクルが可能で，それによって環境負荷が低下することはないのか，あるいは，何らかの社会的な効用，たとえば，雇用を創出しているとかいった意味でリサイクルをすべきではないのか，といった総合的な判断が求められると思われる．

　いずれにしても，現状行われているリサイクルは，不十分なものが多い．非常に多くのケースで，材料はたった2回使われて廃棄される．これではリサイクルではなく，ニ（2）サイクルである．技術的な進歩や社会システムの整備などによって，せめてゴ（5）サイクルぐらいにならないことには，とても有効に活用したとはいえない．

　しかし，5サイクルを実現することは，なかなか難しい．経済的に困難というよりも，まだまだ技術が伴っていないという面が大きい．一方，2005年からは自動車リサイクル法も始まり，いよいよ日本はリサイクル社会に突入する．社会制度を含めて，リサイクル社会の効率を上げる取組みが行われる必要があるだろう．

　特に，社会的システムをどのように構築するか，という視点はきわめて重要である．究極のリサイクルは，リターナブル瓶に象徴されるように，リユースである．この最良の方法が，コスト要因，貯蔵場所がないこと，さらには面倒だ，などといった理由によってどんどん消滅している現状を考えると，状況は悪い方向に向かっていると結論せざるをえない．個人個人の考え方が変わり，地球への負荷の低いライフスタイルが自然と選択されるような社会が実現しないかぎり，リサイクルについても効果は限定的であるといわざるをえない．はたして，そんな状況が実現でき

るのだろうか．それには，技術だけでなく，社会システムも，また，消費者の心理などについても理解できる広い視野をもった研究者・技術者の存在が必要不可欠である．

参 考 文 献

1) 中澤克仁，桂 徹，安井 至ほか，紙パルプ技術協会誌，**57**(8)，96～105 (2003)．
2) 中村愼一郎編著，"廃棄物経済学を目指して"，早稲田大学出版部 (2002)．
3) '容器間比較 LCA'，容器間比較研究会報告書，2001 年 6 月．
・ホームページ
  日本鉄源協会 http://www.tetsugen.gol.com/
  環境省 循環型社会形成推進基本計画
    http://www.env.go.jp/recycle/circul/keikaku.html
  経済産業省 家電リサイクル法
    http://www.meti.go.jp/policy/kaden_recycle/ekade00j.html

[そのほかの参考書]
・安井 至，"リサイクル——回るカラクリ止まる理由"，日本評論社 (2003)．

10

ゼロエミッションは達成できるか

10・1 ゼロエミッションとは何か
10・1・1 ゼロエミッションとは排出ゼロか

テレビコマーシャルなどにもたびたび登場する**ゼロエミッション**とはいったい何のことであろうか？ 研究社の新英和大辞典によれば"emission"は"光・熱・ガス・微粒子などの放出，放射，煙突・自動車エンジンなどからの排気，紙幣などの発行・発行高，排泄物など"と記されている．直訳すればこれらのエミッションがゼロ，すなわち放出，放射，排気，排出などがゼロであるということになろう．ここ2，3年，テレビコマーシャル等で"ゼロエミッション工場達成"などの言葉がよく登場する．ではコマーシャルで使われるゼロエミッションとはいったい何を意味しているのであろうか？

国立国語研究所"外来語"委員会は"ゼロエミッション"を"排出ゼロ"と言い換えることを提案している．テレビコマーシャル等でよく使われる"ゼロエミッション工場達成"は，この提案に従えば"排出ゼロ"の工場が実現できたことになるが，環境への排出がまったくない排出ゼロの工場など当然のことながらありえない．工場を稼動させれば排水，排ガス，廃棄物，さらには直接・間接に二酸化炭素等の発生は避けられない．ゼロエミッション工場とは"逆有償による廃棄物を直接排出することはない工場"であることを示しているだけであり，排水，排ガス，二酸化炭素に至るまで排出ゼロを実現しているわけではない．ゼロエミッション工場から有償で出荷された排出物が，他の工場や事業所での処理・再資源化等の過程を経て，**逆有償**となる廃棄物を排出している場合もあると予想される．ここでいう逆有償とは，対価を支払って価値がないと見なされる廃棄物等を引き取ってもらうことである．

10・1・2 ゼロエミッションは日本発

　国際連合大学学長特別顧問の職にあったパウリ（G. Pauli）は，1994年4月に"ゼロエミッション"の考え方を提唱した．ゼロエミッションとは"ある産業での廃棄物を他産業の原料として利用することによって廃棄物の排出を削減する"ことであり，この考え方は多くの関心を集めることとなった．国際連合大学は東京都に本部があり，世界各地にその地域事務所が設置されている．したがって，ゼロエミッションは日本発であると見なすことができる．パウリの提唱による考え方に基づき，コロンビア，ジンバブエ，フィジーなどの世界各地で，同氏が主宰するZERI（Zero Emission Research and Initiatives）が中心になってゼロエミッションの考え方を具体化するプロジェクトが実施されてきた．

　フィジー共和国での実施例を紹介しよう．首都スバ市の近郊にあるモントフォート・ボーイズタウン（Montfort Boys' Town，職業訓練学校）では，統合バイオシステム（IBS; Integrated Biosystem）とよばれる物質循環の実証試験がZERIとフィジー政府との協力で行われた[1]．まず，ビール絞り粕を菌床としてきのこ（オイスターマッシュルーム）を栽培し，使用済みの菌床は養豚用飼料やミミズの養殖による腐植土の生産に再利用される．メタン発酵によりブタ糞尿からバイオガスを回収し，発酵廃液は藻類池を経て養魚池に供給される（図10・1）．消化槽からの排出液には窒素・リンが含まれており，藻類池では光合成により魚のえさになる藻類が繁殖する．養魚池の流出水は，下流の水田の灌漑に利用されている．当地ではビール絞り粕は廃棄物として埋立て処分されていたが，この廃棄物を活用することにより，きのこ，豚肉，バイオガス，魚を収穫でき，あわせて雇用の創出も実現できることになる．

　このように，ある産業の廃棄物を連鎖的に順次利用することによって新たな産業を創生できる可能性があり，雇用の創出や所得水準の向上にも寄与できると期待される．ただし，きのこ栽培や養豚にも新たな資源・エネルギーを必要とする場合があり，メタン発酵廃液による過密度の養魚は，下流域での水質汚染などの深刻な問題をひき起こす可能性があることも忘れてはならない．

　また，物質を連鎖的に利用するプロセスでは，最初にきのこ栽培に利用されるビール絞り粕量が，後段でのブタの飼育頭数や養魚場の規模等を支配することになる．魚の需要が低下して養魚数を減少すると，藻類の増殖に利用されなかった窒素・リン等が下流の水質汚染を促進することになる．このようなある産業から排出された物質を連鎖的に利用する場合には，個別のプロセスや各産業の原料選択，工

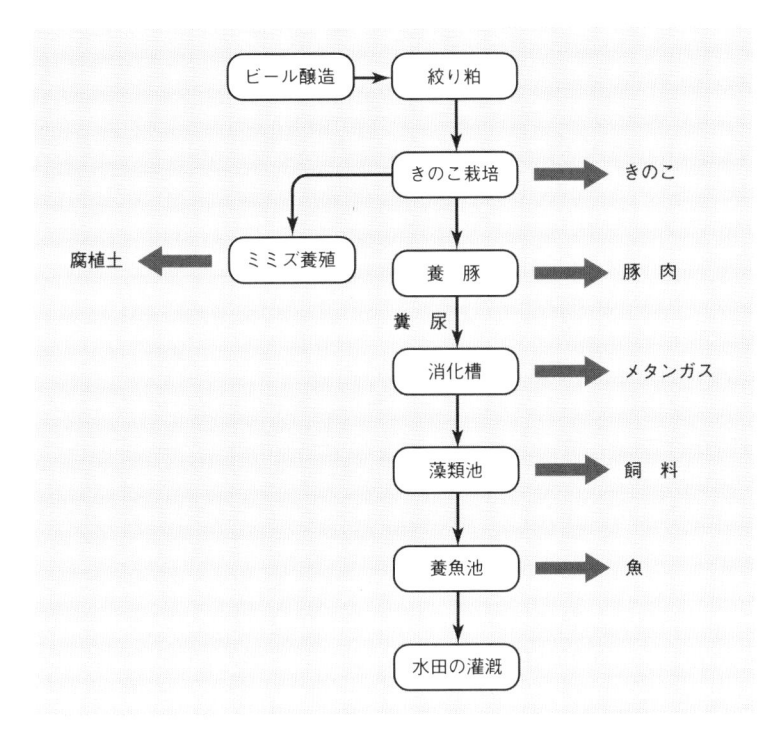

```
ビール醸造 → 絞り粕
                ↓
        ┌─→ きのこ栽培 ──▶ きのこ
        │       ↓
腐植土 ◀─ ミミズ養殖   養 豚 ──▶ 豚 肉
                糞 尿
                ↓
              消化槽 ──▶ メタンガス
                ↓
              藻類池 ──▶ 飼 料
                ↓
              養魚池 ──▶ 魚
                ↓
              水田の灌漑
```

図10・1　ビール絞り粕を原料とした統合バイオシステムの構成

程改変，生産量などの柔軟性を失わないように注意する必要もある．

　ジンバブエでは湖から収穫したホテイアオイを利用したきのこの栽培，コロンビアでは荒地への植林による松脂の生産と雇用創出，水質浄化などの試みが行われてきた．

10・2　ゼロエミッションの新展開
10・2・1　工業化社会のゼロエミッション

　ゼロエミッションとは単なる"ゴミゼロ，排出ゼロ"ではなく，"その発生源すなわち生産プロセスやライフスタイルにまでさかのぼり，資源・エネルギーの有効活用と環境負荷低減をあわせて実現できる生産プロセスを構築することにより持続可能な未来社会の形成に寄与すること"と定義するのが望ましい[2]．総合的に環境負荷を低減すること，すなわちインプットである資源・エネルギーの消費を削減す

るとともに，環境への排出削減をあわせて実現することが持続可能な未来社会の実現に不可欠である．

前述したように，パウリが提唱した"ゼロエミッション"は，農林業や生態系の活用によって，有機性廃棄物を連鎖的に有効利用することで廃棄物の削減をめざすことが主眼であった．しかし，先進国では二次産業，三次産業が大きなウエイトを占め，製造業や建設業での資源・エネルギーの消費が大きく，大量の廃棄物を発生している．異業種の産業をネットワークして**産業クラスター**を形成し，未利用物質や廃棄物の有効利用，水やエネルギーの**共役的利用**が，総合的な資源・エネルギーの消費と廃棄物や排水の排出削減に有効である．ここで共役的利用とは，発電所から排出される圧力・温度が比較的低い低品質の蒸気が，たとえば他工場において含水率の高い有機性廃棄物の乾燥に利用され，乾燥物が土壌改良剤や燃料として利用されるなどによって，相互に効率良く利用されることである．

工業団地内においてこのような産業クラスターを形成することによる廃棄物の削減と資源・エネルギーの有効活用を図っている例を紹介しよう．

デンマークのカロンボー市の工業団地では産業共生（Industrial Symbiosis）と称して工業団地内の異業種間をネットワークして，廃棄物，廃熱，水の有効利用を推進している（図10・2）．この産業共生は近くのTisso湖から取水した水を石油精製工場（以下，製油所）と石炭火力発電所の間で，冷却水および蒸気として相互に

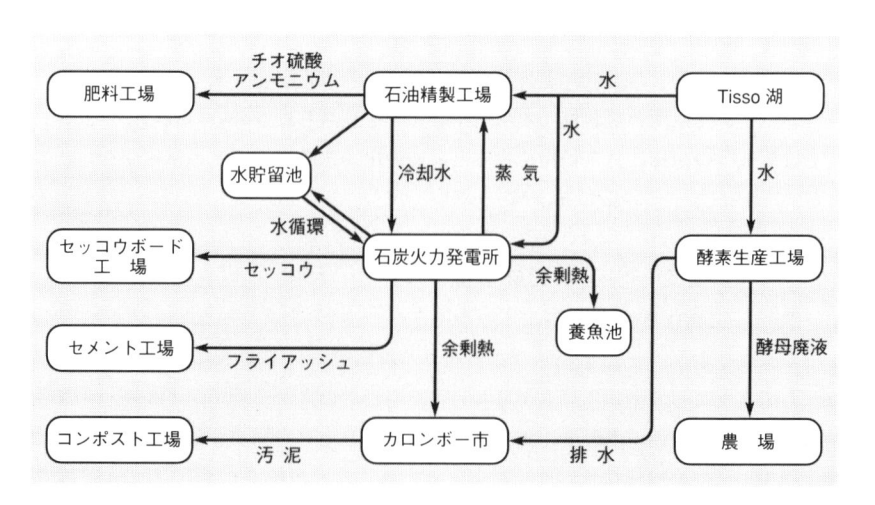

図10・2 デンマークのカロンボー市における産業共生

利用しあったことから始まった．製油所からの副生物であるチオ硫酸アンモニウムは化学肥料工場に供給され，石炭火力発電所から排出される脱硫セッコウはセッコウボードの原料となる．フライアッシュはセメント原料であり，火力発電所の余剰熱は養魚場や都市の暖房にも利用されている．欧州でも著名な酵素生産工場から排出される酵母廃液は農場の有機肥料として供給され，一方排水はカロンボー市の公共下水道に処理が委託されている．公共下水処理場から排出される汚泥もコンポスト（土壌改良材）として利用される．

このような個別の再資源化やネットワーク化はわが国でも実施されており，特に新規性に優れるものではない．しかし工業団地という狭い範囲でこのように多様な再資源化やネットワークが行われている例はほかにみられない．このような異業種の事業所間でのネットワーク形成は，事業所の担当者が直接話し合うことによって1975年ごろから商業ベース，すなわち参加事業所に相互にメリットがある形で始まったと聞いている．当初は水リサイクルが中心であったが，2001年には図10・2のようなネットワーク化にまで発展してきた．

わが国では，山梨県甲府市，昭和町，玉穂町にまたがる国母工業団地で1995年から地元企業が中心になって，廃棄物削減やリサイクルの推進についての取組みが行われている．きっかけは，山梨県内に廃棄物処理場がなかったことであり，危機感をもった企業が研究会を通してゴミ減量，リサイクルに取組み始めたとのことである．紙ごみのリサイクル，廃プラスチック，木くず等のごみ固形燃料（RDF）化，生ごみ堆肥化などが行われている．古紙を原料にしたパルプモールド製品の製造，廃棄物のサーマルリサイクルなどにも取組む計画とのことである．すでに，約45％の廃棄物が再利用，再資源化されており，廃棄物発生総量や処理費も半減したとも報告されている．

10・2・2 ゼロエミッションをめざした取組み

ゼロエミッションの基本は，環境負荷の原因となる物質の発生源までさかのぼり，まずその排出を低減あるいはなくし，それでも発生する未利用物質や廃棄物については他産業での原料に変換するなどによって総合的に環境への負荷を低減し，さらに資源・エネルギーの消費を削減することである（図10・3）．したがって，ゼロエミッションを推進するためには，環境負荷の発生源である生産プロセスまでさかのぼり，生産プロセスの改良や新たな原理に基づくプロセスへの代替，分離精製効率の改善などが必要である．これによって原料の製品への転換効率が向上し，あわ

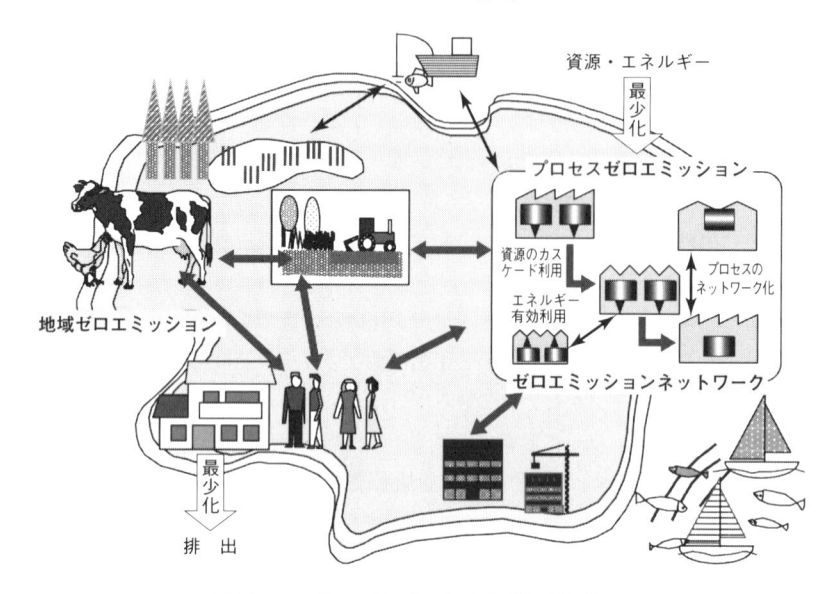

図10・3　ゼロエミッションをめざした取組み

せて原料のうち製品に転換されずに廃棄物となる割合も低減できる（**プロセスゼロエミッション**）．

　それでも削減されずに発生する未利用物質・廃棄物については，他産業の原料への転換やサーマルリサイクルによるエネルギー回収などが検討される．一事業所内でのリサイクルが困難な場合には，近隣の事業所とのネットワーク化が検討される．未利用物質・廃棄物に関する性状，組成，排出量，忌避物質の含有に加えて，それらの発生場所などに関する情報に基づいて再利用の用途や再利用先が検討されることとなる．これらの情報や結果に基づいてゼロエミッションのための産業間ネットワークが形成される（**ゼロエミッションネットワーク**）．前述したカロンボー市の産業共生はこの代表的な例である．しかし，このようなネットワーク化は，図10・1に示した総合バイオシステムと同様に，入手できる原料が上流の産業活動によって制約されるので，下流の産業活動の柔軟性が損なわれるおそれがある．カロンボー市での産業のネットワークが順調に発展してきた理由は，参加しているのが基幹産業であり，その活動に大きな変動が今までなかったことによるところが大きい．急激な浮沈がある業種を取込んでは，このようなネットワークの形成や長期的な維持は困難であろう．

産業でのゼロエミッション化に向けた取組みに加えて，産業活動を包括する都市や地域での環境への排出低減（**地域ゼロエミッション**）を推進する必要がある．日常生活に必要な機能を提供するための工業製品の製造，都市構造物の建設，交通や物流による総合的な環境負荷低減のための方法と手順が求められている．

10・2・3 物質循環プロセス構築の方策と手順

無駄な出費を抑えるために家計簿をつけるのと同様に，地域や産業への製品や原料の流入，環境への排出などを定量化することによって，廃棄物の発生状況などの問題点を把握することができる．このように，地域における物質の流れの解析から始める廃棄物発生低減のための手順を図10・4に示した．すなわち，❶ 地域における物質フローの解析による問題点の抽出，❷ その結果についての情報発信，❸ 地域特性や再資源化技術等に基づいた物質循環のシナリオを策定，❹ シナリオの

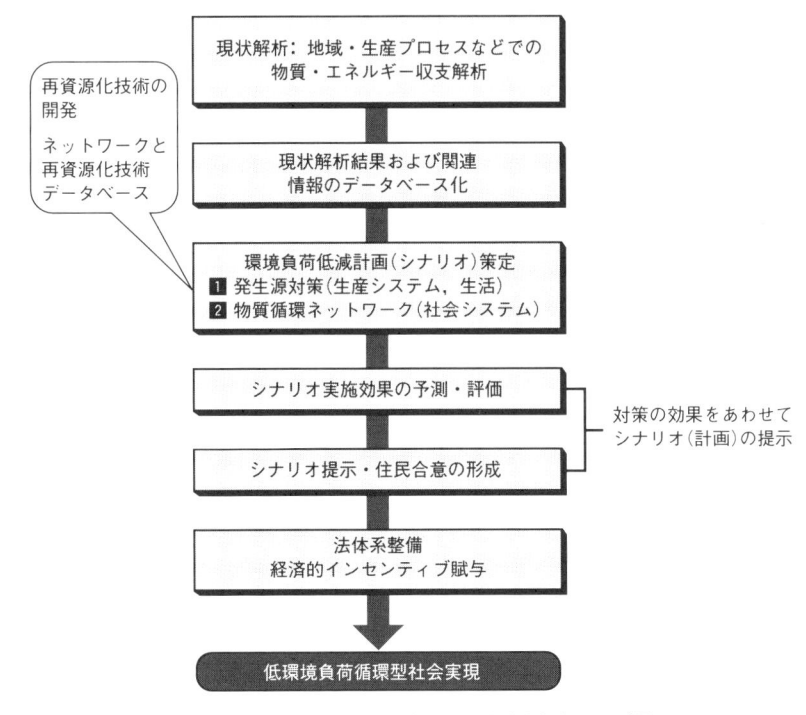

図10・4 ゼロエミッションをめざした循環型社会実現の手順

実施による効果の予測，❺住民合意の形成，❻法体系の整備や経済的インセンティブ賦与などの社会・経済システムの整備などである[2]．

地域内や産業間での物質の流れを明らかにする方法として，産業間でのキャッシュフロー（お金の流れから産業間での結び付きの強さを示す統計情報）を記述した**産業連関表**を物質の流れを表す**物量表**に書き換える試みがなされている[3]．産業間を移動している製品や原料等の市場での価格（重量単価）を把握できれば，お金の流れを物の流れに置き換えることができる．物の流れの解析や予測が可能になれば，新たな技術やシステムを産業や地域に導入したときに，資源・エネルギーの消費や廃棄物排出の削減に対してどのような効果があるかを予測できるようになる．愛知県における物質の流れを解析した例を図10・5に示す[4]．ここで示した地域における物質の流れや廃棄物排出の削減に対してプラスの効果が期待できれば，新たなシステムや対策の導入は推進されるべきである．

たとえば金属やプラスチックなど素材産業から出荷される製品について，その元素組成を把握することができれば，上記の重量基準の物量表は元素組成を基準とした物量表へ変換することが可能になる[4]．注目している産業での原料と製品の元素

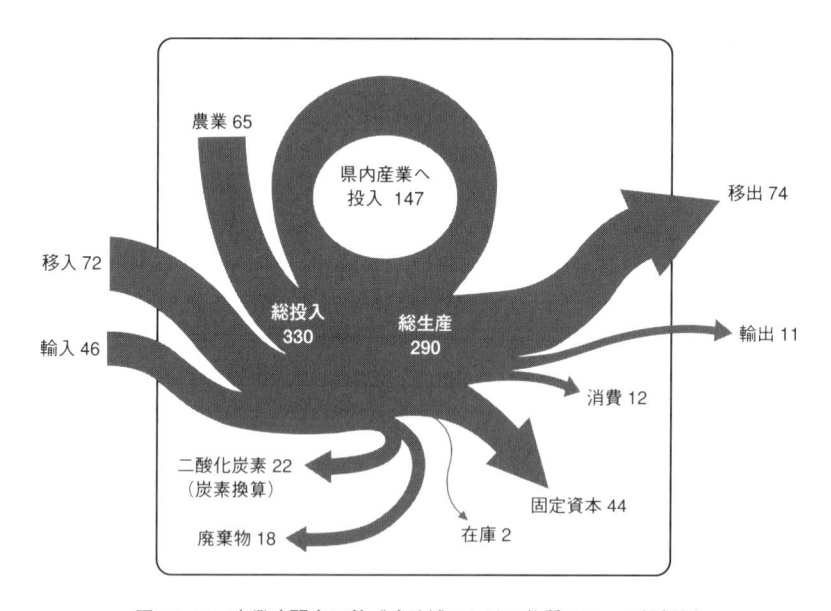

図10・5　産業連関表に基づく地域における物質フローの解析例
（愛知県．単位：100万トン/年）

組成がわかれば，その差から未利用物質・廃棄物中の元素組成も予測できることになる．その元素組成を判断の指標として，元素組成が類似していれば，注目している産業の未利用物質・廃棄物が他のどの産業の原料等として利用できる可能性があるか検索ができるようになる（図10・6）．この図でA～DおよびX～Zは各産業の生産プロセスを示している．ただし，微量でもあってはならない忌避物質が含まれていれば利用は不可能である．詳しい組成の検証や地理的条件，量など多様な項目の検討を経てリサイクルネットワークが実現することになる．このためのデータベースや判断を容易にするためのエキスパートシステムがあるとよい．

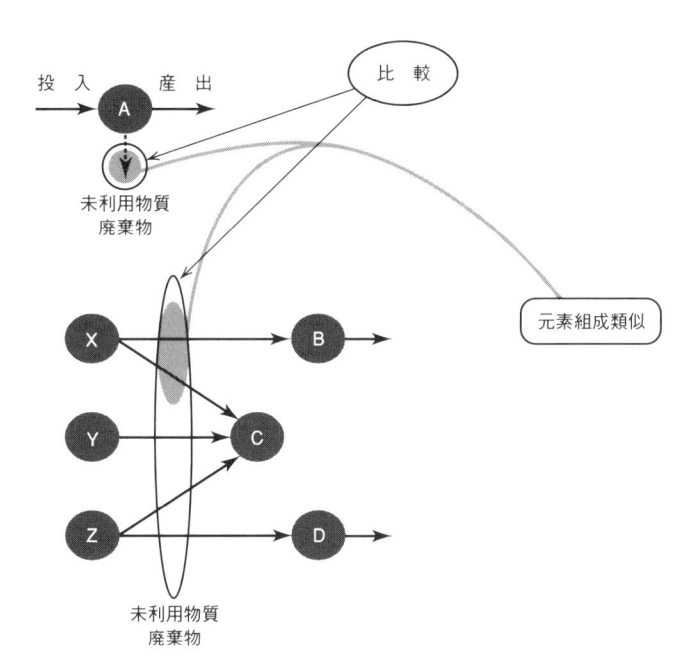

図10・6 元素ベースの物量表を利用したリサイクル先の検索と物質循環ネットワークの設計

10・2・4 環境インパクト連関を考える

資源・エネルギー消費の観点から，廃棄物リサイクルによる影響の波及を図10・7に示した．A産業の未利用物質・廃棄物をC_1産業の原料としてリサイクルする場合，まずA産業からの廃棄物量W_Aがリサイクル量R_A分削減される．同時

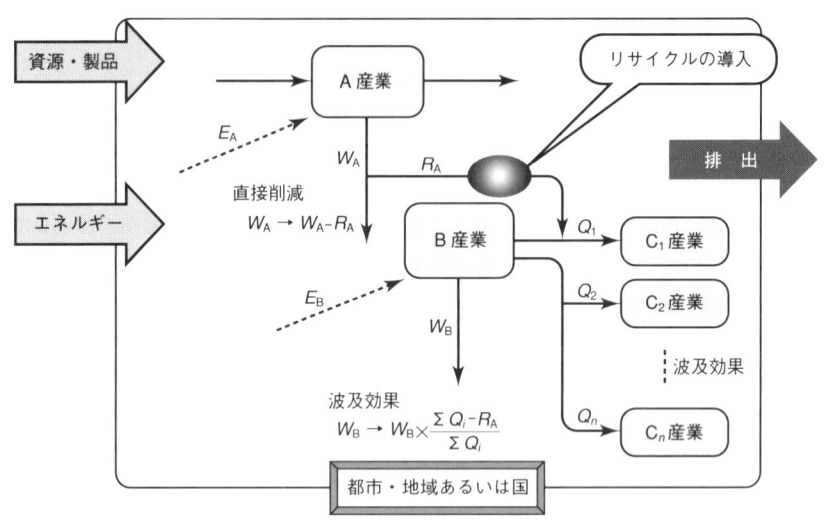

図10・7 環境インパクト連関の考え方

E: 投入エネルギー量，W: 廃棄物量，R: リサイクル量，Q: 原料供給量

にB産業からC₁産業への原料供給量 Q_1 も減少し，B産業自体の生産量と廃棄物量 W_B も削減されるので，B産業での原料とエネルギー E_B の消費量も削減される．一方，リサイクルを導入するための設備やそれを稼動するためのエネルギーが新たに必要となる．A産業の廃棄物を100％の転換率でリサイクルすることは困難であり，リサイクル過程からの廃棄物発生も考慮しなければならない．このようなリサイクルの導入による影響の波及（環境インパクト連関）については前述した産業連関表および物量表を活用するなどして，把握する必要がある．リサイクルネットワークの導入が，都市，地域あるいは国レベルでの資源・エネルギー消費や環境への負荷にどのような影響が及ぶのかについて把握することが求められており，資源・エネルギーの消費と総合的環境負荷の削減から外れるリサイクルは効果が期待できない．

10・3 ゼロエミッションは達成できるか

家庭から毎日排出されている廃棄物や下水の処理には大量のエネルギーが消費されている．4人家族の家庭からは毎日約 $1\,\mathrm{m}^3$ の下水が排出される．通常は下水管を通して下水処理施設に運ばれて処理され，処理水は公共水域に排出される．国内

10・3 ゼロエミッションは達成できるか

の下水処理場では $1 m^3$ の下水を処理するために約 0.5～1 kWh の電力が消費されている[5]．東京湾や伊勢湾などの閉鎖性水域の富栄養化による汚染を進行させないために窒素，リンを排水から除去するにはさらに電力が必要である．1 kWh の発電には炭素換算で 80～90 g の二酸化炭素が排出されるから，地域の水環境は保全されるが地球環境に大量の二酸化炭素を排出していることになる．

廃棄物最終処分場すなわち埋立地がひっ迫している．環境省の資料によれば，一般廃棄物の最終処分場の残余年数はおよそ 9 年程度，これに対して産業廃棄物最終処分場の残余年数は全国平均で約 3 年，首都圏では 1 年にすぎない．廃棄物の処理施設を設置しようとする場合，都道府県知事（または政令市や，中核市の市長）から廃棄物処理施設の設置許可を受ける必要がある．このように地方自治体による設置許可の審査が直接行われるので，地域住民の意見を含めた合意形成の難しさもあり，結果的に廃棄物処理施設の設置は困難になっている．

産業廃棄物の発生量は年々減少傾向にあるとはいえ，1999 年度は約 4 億トンであった．約 1 億 7100 万トン（43％）が再生利用，約 1 億 7900 万トン（45％）が減量化量，そして最終処分量が約 5000 万トン（12％）である．焼却は減量化のおもな方法であるが，適切な排ガス処理をしないとダイオキシンをはじめとする有害化学物質の排出が懸念される．2002 年の新規制に適合した焼却炉からの排煙中のダイオキシンは人の健康に影響を与えるとは考えにくい状態にまで改善された．しかし，市民のダイオキシンに対する不安はまだ強く，焼却炉の建設が容易には行いえない状況に変わりはない．

廃棄物減量化の方策や最終処分場の状況から判断して，その発生源にさかのぼらずに発生した廃棄物を単に処理するといった，いわゆるエンド・オブ・パイプによる対応はもはや限界に達しており，根本的に廃棄物の発生を削減する方策が不可欠である．

物質は保存され，いかなる処理や対策もエネルギーを消費するから，真のゼロエミッション，すなわち排出ゼロはありえない．リサイクルは基本的に廃棄物や未利用の資源，あるいは使用済みの製品を，再利用可能な原料や素材に戻すことである．化学反応によって別な素材に作り変えられる例もあるが，リサイクルとは，多くの場合は使用済み製品の解体も含めて，分離・精製工程によって目的とする成分の純度を向上させることや，もとの素材の状態に戻すことである．したがって，工程の複雑化やエネルギー消費をいとわなければ，ほとんどすべての物質はリサイクルが可能である．しかし，このようなエネルギーの消費をいとわないリサイクルが未来

社会で許されるはずはない．

　発生源の検証や発生源での対策を行うことなく，目先の廃棄物減量化に目を奪われ，安易に最終処分を削減するためのエンド・オブ・パイプによる対策は，かえって資源・エネルギーの消費を増大させ，人間活動の持続性を損ないかねない．不可欠な枯渇性資源を備蓄する一方で，地球の気候変動を抑制する観点からも化石燃料の消費を削減し，徹底した省エネルギー化と再生可能エネルギーへの転換が促進されるべきである．何はリサイクルし，何はリサイクルしないのかの判断が必要である．

　コンピューターの心臓部である集積回路（IC）には配線の材料として金が利用されている．使用済みコンピューターから金を取出して，少ないエネルギー消費でリサイクルすることができれば，工業製品であるコンピューターに枯渇性資源である金を備蓄していることに等しい．鉄橋やビルなども膨大な量の鉄の備蓄とみなすことができる．

　人間活動に必要な機能を提供するにはどのような製品を，どのような素材で製造し，どのように利用・リサイクルするのが枯渇性の資源・エネルギーの消費を削減し環境負荷を低減できるのか，環境生態系の容量もにらみながら判断することになる．

参 考 文 献

1) グンター・パウリ著，近藤隆文訳，"アップサイジングの時代が来る"，朝日新聞社（2000）．
2) 藤江幸一ら，環境科学会誌，14(4)，391～401(2001)．
3) 後藤尚弘，迫田章義，環境科学会誌，14(2)，199～210(2001)．
4) 後藤尚弘ら，環境科学会誌，14(2)，211～220(2001)．
5) 胡　供営ら，用水と廃水，41(2)，25～31(1999)．

[そのほかの参考書]
・鈴木基之，"環境工学"，放送大学教育振興会（日本放送出版協会）（2003）．
・"ゼロエミッションへの挑戦"，藤江幸一監修，日報出版（2001）．
・笠倉忠夫ら，"エコテクノロジー入門"，朝倉書店（2001）．
・三橋規宏，"ゼロエミッションと日本経済（岩波新書）"，岩波書店（1997）．

11

地球環境問題は解決できるか

11・1 地域から地球規模に広がった環境問題

　人間活動の広がりや質的変化とともに，環境問題の規模が急速に拡大している．1960年代にわが国では経済の高度成長がもたらした負の遺産としてつぎつぎと環境問題が顕在化したが，水俣病，四日市ぜん息といった名前が示すように，それらは地域的な問題であった．有機水銀化合物がもたらした水俣病は，わが国では阿賀野川水域でもみられ，世界各地でも同様な有機水銀化合物による健康被害が顕在化しているが，個々には地域の限られた環境問題であった．1982年には環境庁の調査によって人の健康を脅かすおそれのある地下水汚染が全国的に見いだされたが，これらも個々の汚染はおおむね1km以下の広がりしかもたない地域的な環境問題であった．しかし，人間活動の規模の拡大と新たな特性を有する汚染物質の出現が，環境問題を地域的なものから大きな広がりをもつ問題，さらには国境を越える問題に変貌させていった．

　酸性雨は，化石燃料の燃焼に伴い排出された硫黄酸化物や窒素酸化物などが大気中の反応で変化し，その生成物が雲粒，雨滴や霧水に取込まれ，さらに酸化されて，硫酸イオンや硝酸イオンなどを含んだ酸性の雨や霧となって地表に降下するものである．土壌表層水のアルカリ度を低下させ，養分を流出させたり，アルミニウムや重金属の溶出を促進させて，植物の生長を阻害する．一方で，湖沼などに降下あるいは流入することによって陸水を酸性化し，水生生物の生息を阻害する．また，腐食などによる建造物や文化財の損傷をもたらす．

　1960～70年代にかけて北欧で土壌や湖水の酸性化が進行した．1970年代に入ってその原因が500～1000 kmも離れた中欧諸国から長距離輸送された大気汚染物質によることが明らかになったことから，酸性雨が国境を越えた広域的な環境問題として注目を集めることになった．この酸性雨によって欧州諸国の森林は大きな損傷を受け，1990年ごろには多くの国で森林面積の50％以上が重度の損傷を受けたと

見積もられている．同様な酸性雨による森林被害は北米大陸でもみられており，工業地帯に近い東海岸で雨水のpHが低くなっている．

わが国でも1973年度以降，降水，土壌，植生と陸水の継続的なモニタリングが全国的に行われており，1993～97年度の第3次調査でも全地点の平均pHで4.7～4.9という酸性雨が観測されている（図11・1）．このpHは欧米で森林や湖沼に被害を生じた酸性雨と同レベルのものであるが，わが国の森林や湖沼には欧米でみられるほどの顕著な被害は顕在化していない．国内の産業活動などに伴い発生する硫黄酸化物や窒素酸化物もわが国の雨水の酸性化に寄与していると考えられるが，上記のモニタリング調査では日本海側の測定局で冬期に硫酸イオンや硝酸イオンの濃度や沈着量が高くなる現象が観測されており，大陸の人間活動による寄与も示唆される．

酸性雨の問題では大気の流れが汚染物質を拡散させる要因であるが，人間活動そのものが国境を越えて有害物質を拡散させるのが**有害廃棄物の越境移動**である．先進諸国では環境問題への取組みの強化に伴い，有害廃棄物の処理・処分に対する規制が強化され，それに対応するために処理コストが高騰した．そこで，規制の緩い途上国に有害廃棄物を輸送し，十分な措置を施さずに処分する事例が出てきた．

有害廃棄物の越境移動が国際的な関心を集めるきっかけとなったのは，1988年にナイジェリアのココ港付近の船着場にイタリアから運び込まれた大量の有害廃棄物が放置されているのが見つかった事件である．有害廃棄物を積載した船が各国で入港を拒否され，各地をさまよう事態も発生した．有害廃棄物の越境移動は，欧米からアフリカや中南米の諸国に向けてのものが多かったが，西欧諸国から東欧諸国などへも輸送されており，東ドイツで不適切に処分されてきた有害廃棄物の後始末が統一ドイツに大きな負担となって跳ね返ってきている．

環境問題をさらに広域化し，地球規模の広がりをもつものにしたのは，環境中で分解されにくい汚染物質である．対流圏大気中では分解されないクロロフルオロカーボン（CFC）などが成層圏にまで侵入して起こしたオゾン層破壊，大気中で分解されない二酸化炭素や分解されにくいメタンやCFCなどがひき起こす地球温暖化や，分解されにくいPOPsが発生源から遠く離れたヒトや生物の体内に高濃度に蓄積するPOPs汚染が地球規模での環境問題として大きく取上げられている．

オゾン層の破壊は，大気中に見いだされたCFCの環境中での分解に関する研究に基づいてモリナ（M. Molina）とローランド（F. S. Rowland）によって指摘され，南極での観測によるオゾンホールの発見によって確認された．地上約10～50km

11・1 地域から地球規模に広がった環境問題

利尻　4.8/4.9/5.3/*/5.0/*
野幌　4.8/4.8/5.0/5.1/5.2/5.3
札幌　5.2/5.1/4.7/4.6/4.6/4.6
竜飛　—/—/4.7/4.9/4.7/4.8
尾花沢　—/—/*/4.8/4.7/4.7
新潟　4.6/4.8/4.5/4.6/4.6/4.7
新津　4.6/4.6/4.6/4.6/4.7/4.7
佐渡　4.6/4.7/4.7/4.7/4.6/4.8
八方尾根　—/—/4.7/*/*/4.8
立山　—/—/*/4.8/4.7/4.7
輪島　—/—/4.6/4.6/4.6/4.7
越前岬　—/—/*/4.5/4.5/4.6
京都弥栄　—/—/*/4.7/4.5/4.8
隠岐　4.9/*/5.1/4.8/4.7/4.8
松江　4.7/4.9/4.8/4.7/4.6/4.9
益田　—/4.7/4.7/4.7/4.7
北九州　5.0/4.8/5.2/5.2/5.2/*
筑後小郡　4.6/4.9/4.7/4.8/4.8/4.9
対馬　4.5/4.8/*/4.9/4.7/4.8
五島　—/—/*/4.9/4.7/4.8
屋久島　—/—/4.6/4.6/4.7/4.8
奄美　5.7/5.5/5.0/5.1/*/5.3
国頭　—/—/*/4.9/5.1/*

八幡平　—/—/*/4.8/4.7/4.8
仙台　5.1/5.3/*/5.1/5.1/5.2
箟岳　4.9/5.2/4.8/*/4.8/4.9
筑波　4.7/*/*/*/4.8/4.9
鹿島　5.5/*/5.6/5.7/*/5.8
東京　*/*/*/*/*/*
市原　4.9/5.2/5.5/5.3/5.4/5.0
川崎　4.7/5.1/4.7/4.8/5.0/4.8
丹沢　—/—/*/4.8/4.8/4.9
犬山　4.5/4.7/4.8/4.7/4.7/4.8
名古屋　5.2/5.3/5.3/4.7/4.7/5.0
京都八幡　4.5/4.7/4.7/4.8/4.7/4.8
大阪　4.5/4.8/4.5/4.7/4.7/4.9
尼崎　4.7/5.0/4.8/4.8/4.7/4.9
潮岬　—/—/4.6/4.6/4.5/5.2
倉敷　4.6/4.7/4.7/4.6/4.5/4.7
足摺岬　—/—/*/*/*/4.6
倉橋島　4.5/*/4.4/4.6/4.5/4.6
宇部　5.8/5.9/5.7/5.8/5.6/5.7
大分久住　—/—/4.5/4.7/4.7/5.0
大牟田　5.0/5.3/5.5/5.5/5.5/5.5
小笠原　5.1/5.1/5.3/5.3/5.4/5.6

第2次平均/1993年度/1994年度/1995年度/1996年度/1997年度

環境省酸性雨対策検討会"第3次酸性雨対策調査とりまとめ"による．—は未測定，*は無効データ（年判定基準で棄却されたもの）を示す．第2次調査5年間の平均値（欠測，年判定基準で棄却された年平均値は計算から除く．）東京は第2次調査と第3次調査では測定所位置が異なる．倉橋島は1993年度と94年度以降では測定所位置が異なる．札幌，新津，箟岳，筑波は1994年度以降では測定頻度が異なる．冬季閉鎖地点（尾瀬，日光，赤城）のデータは除く．["環境白書（平成14年版）"，環境省編， p.109， ぎょうせい (2002)]

図11・1　わが国の降水中のpH分布図

11. 地球環境問題は解決できるか

上空の成層圏に存在するオゾン層は太陽光に含まれる波長の短い紫外線を吸収し，地上の生物に悪影響を及ぼすのを防いでいるが，赤道地域を除き地球全域でオゾン層が減少傾向にあり，特に高緯度地域での減少が顕著である．南極地方では春先にオゾン層の極端に少ないオゾンホールが出現し，1985年以降は南極大陸を上回る規模になっている（図6・1参照）．

オゾン層の破壊は，冷媒や噴射剤などに用いられ放出されたCFCが，対流圏大気中では分解されにくいため，成層圏にまで侵入し，エネルギーの強い紫外線で分解され，その際に発生する塩素ラジカルがオゾンを分解して起こると考えられている（5章参照）．地上に降り注ぐ短波長の紫外線の増加は，皮膚がんや白内障の増加など，人の健康への影響が懸念されるのに加え，植物の光合成や浅海域の動植物プランクトンの成育を阻害するなど，生物生態系にも影響を与えることが懸念されている．

一方，**地球温暖化**は地球のエネルギー収支が崩れることによって起こる．地球には年平均で$1m^2$当たり342Wの太陽エネルギーが降り注ぎ，その一部は雲や地表（海洋面も含む）で反射されるが，約半分が地表に吸収される．その一方で暖かい地表から冷たい宇宙に向かって熱エネルギーが放射されることによって地球のエネルギー収支が保たれてきた（図11・2）．しかし，大気中の構成成分は地表から放射されるエネルギーの中でそれぞれに固有の波長のエネルギーを吸収する．可視領域の光は大気中ではほとんど吸収されないが，赤外線は一部の波長を除いてこれらを吸収する成分が大気中に存在する．このような放射エネルギーを吸収する成分の濃度が高くなると，宇宙に放出されるエネルギー量が減少し，エネルギー収支が崩れることになる．

地球温暖化は，1958年からハワイのマウナロア観測所で開始された大気中の二酸化炭素の継続的な測定に基づいて指摘された問題である．産業革命以降の累積で地球温暖化への寄与は二酸化炭素が約2/3を占めると見積もられている．二酸化炭素は化石燃料の燃焼によって大気中に大量に放出されるが，産業革命以降，化石燃料の消費は増加し，その速度はますます速くなっている（図5・1参照）．南極の氷床コアに含まれる大気の分析から，産業革命以降，化石燃料の消費の増加に合わせて大気中の二酸化炭素が増加している様子がみえる．

CFCやオゾン層破壊能が低いとしてCFCの代わりに用いられたヒドロクロロフルオロカーボン（HCFC）やヒドロフルオロカーボン（HFC）も，地球温暖化をひき起こす温室効果が懸念されているが，ほかにメタン，一酸化二窒素（亜酸化窒素）

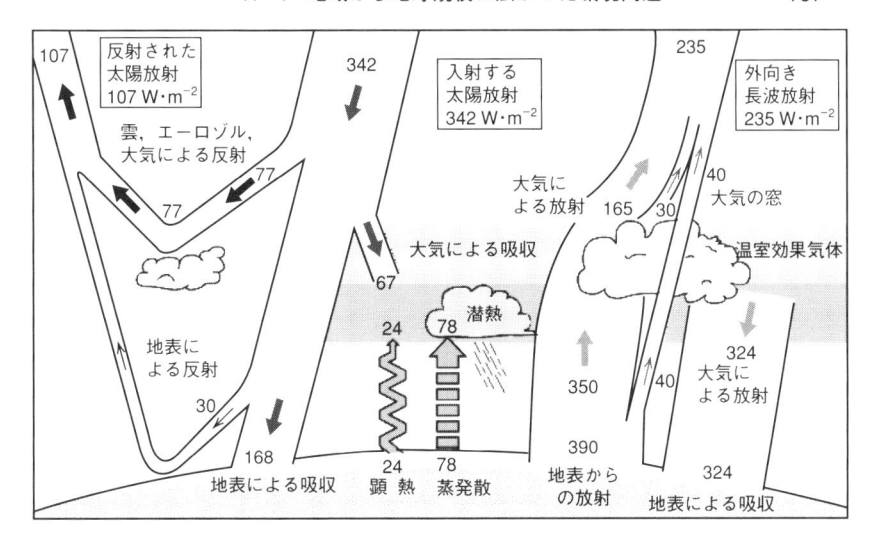

11・1 地域から地球規模に広がった環境問題

入射する正味太陽放射 342 W·m^{-2}は、雲や大気、地表による反射もあり、地表で吸収されるのはその49％である。吸収したエネルギーの一部は、直接的な顕熱加熱として、また多くは蒸発散に伴う潜熱の放出として、大気に与えられる。地表が吸収したエネルギーの残りは赤外放射として射出される。この赤外放射の大部分は大気が吸収する。大気は吸収したエネルギーを上や下へと射出する。宇宙へ失われる放射は地表よりも温度の低い雲頂や大気から出るので、温室効果が生じる。全球年平均エネルギー収支の配分と数値の精度は Kiehl and Trenberth（1996）による。［IPCC（1995）, 気象庁訳,"環境白書（平成9年版）", 環境庁編, p.29, ぎょうせい（1997）］

図11・2　太陽光の放射エネルギーと地球から宇宙への放射エネルギー

などが温室効果が高い成分として排出抑制対策の対象とされている。メタンは湿原や水田など嫌気的な条件下での有機物の分解による発生が多く、また家畜の腸内発酵や、天然ガス・石炭・石油の採掘、森林火災や焼畑などのバイオマスの燃焼からの発生も多いと見積もられている（図11・3）。大気中のメタン濃度も氷床コアの分析から人間活動の拡大に伴い増加し、産業革命以前の約2倍に達していると推定される。

地球温暖化は長期的には降雨の量や降り方の変化、海面上昇などをもたらすが、短期的にも異常気象の発生頻度や強度を変化させ、これらによってヒトや生態系に大きな影響をもたらすと考えられている。現状でも世界中では多くの人が水不足に悩まされているが、地球温暖化による降水量の偏りは、地域的には水不足をよりいっそう進行させることが懸念されている。水不足や気温の変動は農作物の生産に影響を及ぼし、地域的には深刻な食糧不足をもたらすことが懸念されている（4章

170　　　　　　　　11. 地球環境問題は解決できるか

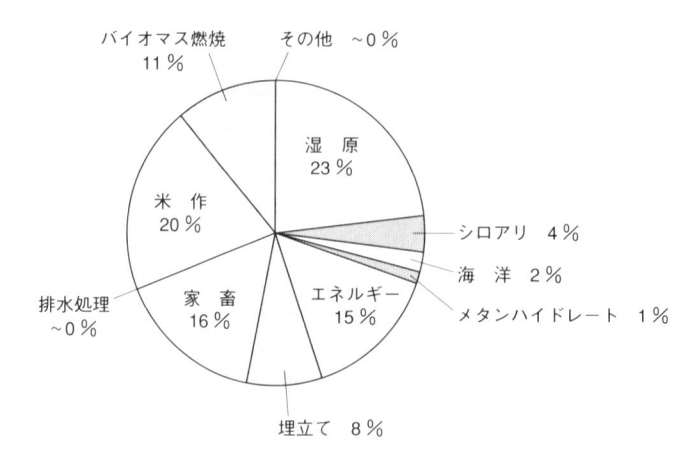

図11・3　メタンの発生源の割合［"地球温暖化研究の最前線"，総合科学技術会議環境担当議員，内閣府政策統括官共編，p.28（2003）］

参照）．また，気温の上昇は感染症を媒介する生物の生息域を変化させたり，熱波による死亡率の上昇など，人の健康にも影響を及ぼすことが懸念されている．地球温暖化問題について公式に議論を行う場として設けられた"気候変動に関する政府間パネル（IPCC；Inter-governmental Panel on Climate Change）"に提出された専門家の報告では，氷河や海氷の減少，動植物の極方向や高々度方向への移動，動植物群落の縮小や復元など，地球温暖化による気候変動の影響が疑われる現象が観察されている（表11・1）．

　オゾン層破壊や地球温暖化と同様，POPs汚染も環境中で分解されにくい汚染物質が地球規模に拡散して起こす環境問題であるが，詳細については6章を参照されたい．

　一方，人間活動の国際化は全地球的に自然環境の破壊を促進している（3章参照）．熱帯林の減少には，焼畑農耕など，地域的な人間活動とともに，先進国の木材に対する需要が大きな要因となっている．また，侵入種による生態系の破壊も，国境を越えた人間活動の拡大がもたらす環境問題の一つである．

11・2　地球環境問題への取組みの状況

　地球規模への環境問題の広がりは，その対応にも地球規模での取組みを必要とすることを意味する．地球規模の環境問題に対する国際的な取組みが本格的に始まっ

表 11・1 気候変化の影響の検出事例

気候変動の影響とみられる現象	地域
氷河の後退・縮小	アルプス，ネパール，アラスカ
棚氷の崩壊	南極半島
海氷の減少	北極海（海氷の厚さと面積の減少）
河川や湖沼の結氷の遅れや融解の早まり	北半球の中〜高緯度（河川，湖沼の結氷期間の減少） 北・中央カリフォルニア（融雪，流出の早期化）
中〜高緯度における植物の成長期間の長期化	欧州
動植物の極方向や高々度方向への移動	アルプス（高山植物の高々度移動） 北米（チョウの極方向移動） オーストラリア（トウヒの直径増大）
動植物群落の縮小や復元	北大平洋・北大西洋（プランクトンの減少） 米国北東部（アカトウヒの減少） アリゾナ（木本灌木の増大） 西アフリカサヘル（中湿性種の収縮） コロラド（ステップ生態系の復元）
樹木の開花・昆虫の出現・鳥類のふ化の早期化	ウィスコンシン南部（多年草・樹木種の開花の早期化） 欧米（葉の展開，開花，動物の出現の早期化，落葉の遅れ） 英国（植物の開花の早期化）

出典: "地球温暖化研究の最前線"，総合科学技術会議環境担当議員，内閣府政策統括官共編（2003）より改編．

たのは，1972 年にスウェーデンのストックホルムで開催された"国連人間環境会議"からである．地球規模に広がる環境問題に対応するための国際会議が初めて国連の主導で開催され，"人間環境宣言"と"人間環境計画"が採択された．これを受け，1973 年に国連環境計画（UNEP；United Nations Environment Programme）が設立された．

このような地球規模での環境問題への取組みを協議する会議は 10 年ごとに開催されることになり，1982 年にはケニアのナイロビで"ストックホルムから 10 年会議"が開催され，"開発と環境に関する世界委員会"が設けられた．この委員会では長期的・全地球的なレベルでの環境と開発の問題が議論され，1987 年にまとめられた最終報告に盛込まれた**持続可能な発展**（Sustainable Development）は，その後の地球環境問題への取組みの基本的な概念となった．

1992 年にブラジルのリオデジャネイロで開催された"国連環境と開発の会議"では，持続可能な発展に向けて"環境と開発に関するリオ宣言"とそれに向けての

21世紀における人類の行動計画を示した**アジェンダ21**が採択された．この中には，40章にわたる課題ごとに持続可能な発展に向けての行動の基礎，目標，行動および実施手段について記載されている．

2002年には南アフリカ共和国のヨハネスブルグで，アジェンダ21の実施状況の包括的レビューと取組みの強化をめざした"持続可能な開発に関する世界首脳会議"が開催された．アジェンダ21を受けて国際的な協調の下で，あるいはそれぞれに各国が地球環境問題の解決に向けて取組んでいるが，国連決議に基づいて設立された"持続可能な開発委員会"が国連の取組み状況の監視，各国の活動状況をまとめた報告の検討，技術移転や資金問題に関する約束の履行状況のレビュー，アジェンダ21の実施にかかわる勧告の提出などを行っており，ヨハネスブルグ会議ではこれらの検証を行うとともに，前回の会議以降，発生した新たな問題について討議した．

具体的には個々の環境問題ごとに国際条約が締結されるなどして対策が推進されている（表11・2）．取組みが早くから行われてきたのが酸性雨の問題である．1979年に欧米諸国の間で"長距離越境大気汚染条約（ウィーン条約）"が採択され，国際的な取組みが始められた．わが国を含む東アジア地域では，欧米ほどの深刻な被害はみえないことから対応が遅れていたが，国際協調の下での対応の第一歩として東アジア酸性雨モニタリングネットワークが設けられ，1998年から活動を開始している．

有害廃棄物の越境移動に関しては，1989年に有害廃棄物の輸出入に許可や事前通告の制度を設け，不適正な輸出や処分が行われた場合は，その有害廃棄物をもち帰ることを義務づけるなどの規定を設けた"有害廃棄物の国境を越える移動及びその処分に関するバーゼル条約（バーゼル条約）"が採択された．この条約ではリサイクルを目的とした廃棄物も対象とされ，爆発性，反応性，腐食性，病原性，急性毒性，慢性毒性，生態毒性など，多様な有害性を対象に，判定方法が確定したものから規制が行われている．一方，製品としての化学物質についても，規制の緩い国へ輸出されることによって環境汚染をひき起こすことを防ぐために，1998年に有害化学物質に関する情報交換の仕組みと輸出入にあたっての事前通報と同意の確認を定めた"国際貿易の対象となる特定の有害な化学物質及び駆除剤についての事前かつ情報に基づく同意の手続きに関するロッテルダム条約（PIC条約）"が採択されている．

海洋は多くの国が接しており，またその上で多様な活動を行っていることから，

11·2 地球環境問題への取組みの状況

表 11·2 環境問題にかかわる国際条約等

環境問題	条約等の名称	採択年	国内対応
酸性雨	長距離越境大気汚染条約（ウィーン条約）	1979	東アジア酸性雨モニタリングネットワーク
有害廃棄物の越境移動	有害廃棄物の国境を超える移動及びその処分に関する条約（バーゼル条約）	1989	特定有害廃棄物等の輸出入等の規制に関する法律
海洋汚染防止	廃棄物その他の物の投棄による海洋汚染の防止に関する条約（ロンドン条約）	1972	海洋汚染及び海上災害の防止に関する法律
	船舶による汚染の防止のための国際条約（マルポール条約）	1973	海洋汚染及び海上災害の防止に関する法律
	油による汚染に係る準備，対応及び協力に関する国際条約（ORPC条約）	1990	油汚染事件への準備及び対応のための国家的な緊急時計画
	船舶についての有害な防汚方法の管理に関する国際条約	2001	化学物質の審査及び製造等の規制に関する法律
	海洋法に関する国際連合条約		
オゾン層保護	オゾン層の保護のためのウィーン条約	1985	特定物質の規制等によるオゾン層保護に関する法律
地球温暖化	気候変動に関する国際連合枠組条約	1992	地球温暖化対策の推進に関する法律
森林保全	森林原則声明	1992	
	国際熱帯木材協定	1994	
生物多様性	生物の多様性に関する条約	1992	生物多様性国家戦略
	絶滅のおそれのある野生動植物の種の国際取引に関する条約（ワシントン条約）	1973	絶滅のおそれのある野生動植物の種の保存に関する法律
	特に水鳥の生息地として国際的に重要な湿地に関する条約（ラムサール条約）	1971	
化学物質汚染	残留性有機汚染物質に関するストックホルム条約（POPs条約）	2001	化学物質の審査及び製造等の規制に関する法律，農薬取締法，ダイオキシン類対策特別措置法

その保全には国際協調の取組みが特に必要であり，早い段階から国際条約に基づく対応がなされてきた．廃棄物の海洋投入処分を原則的に禁止し，処分が認められるものについても有害性の評価を求める"廃棄物その他の物の投棄による海洋汚染の防止に関する条約（ロンドン条約）"（1972年），油および有害液体物質の海上輸送や船舶からの廃棄物の投棄を規制する"船舶による汚染の防止のための国際条約（マルポール条約）"（1973年），油の大量流出事故の発生防止と対策を規定した

"油による汚染に係る準備，対応及び協力に関する国際条約（ORPC条約）"（1990年），有機スズ化合物を含有する塗料の使用を規制する"船舶についての有害な防汚方法の管理に関する国際条約"（2001年）など，多くの国際条約が採択されている．

オゾン層保護に関しては，1985年に"オゾン層の保護のためのウィーン条約"が採択され，国際的に協力してオゾン層保護を図るためにオゾン層破壊物質を規制することが合意されたことを受けて，その具体的な内容とスケジュールを定める"オゾン層を破壊する物質に関するモントリオール議定書"が1987年に採択された．知見の集積や技術的な対応の進展を受けて，これまでに5度にわたって対象物質の追加や規制スケジュールの前倒しなど，規制の強化が図られている．

地球温暖化に対しては，気候に対して人為的に危険な影響を及ぼさないレベルに温室効果ガス濃度を維持するために，温室効果ガスの排出・吸収目録の作成，温暖化対策のための国家計画の策定とその実施等を義務づける"気候変動に関する国際連合枠組条約"が1992年に採択され，1994年に発効している．その後，先進国が講ずべき対策や目標，先進国から途上国への技術移転や支援方法など，具体的な対策の枠組みについて締約国会議などで議論が重ねられ，1997年の京都で開かれた第3回締約国会議（COP3）で採択された**京都議定書**では地球温暖化への取組みの基本的なメカニズムが合意された．

自然環境保全についても，多くの国際協力の活動やそのための条約の整備が進められている．1992年のリオ会議では森林に関する世界的な合意を示す"森林原則声明"が採択され，国連の持続可能な開発委員会で森林保全に向けての法的な枠組みの検討が行われている．また，熱帯林の保全に向けた"国際熱帯木材協定"（1994年採択）や主要先進国間で1997年に合意された"G8森林行動プログラム"など，森林保全に向けた多様な取組みが行われている．

また，生物多様性の保全に向けては，個々の生物およびその生息地を総合的に保全するための国際的枠組みを定めた"生物の多様性に関する条約"（1992年），乱獲による絶滅を防止するため，絶滅のおそれのある生物種の国際取引を禁止した"絶滅のおそれのある野生動植物の種の国際取引に関する条約（ワシントン条約）"（1973年），水鳥の生息地である湿地を保護し，適正に利用するための"特に水鳥の生息地として国際的に重要な湿地に関する条約（ラムサール条約）"（1971年）などが採択されている．

これらの国際条約に加え，経済開発協力機構（OECD；Organization for

Economic Co-operation and Development) や国際エネルギー機関 (IEA; International Energy Agency) などの国際機関においても，環境保全に向けた多様な取組みが行われている．たとえば，OECDでは，製品の製造者等が物理的または財政的に製品の使用後の段階までの一定の責任を果たすという拡大生産者責任のガイダンスマニュアル，化学物質の有害性試験についてのガイドラインなどを策定したり，加盟国の環境政策の評価を行い，必要な勧告を行うなど，地球環境保全に向けても多様な活動を行っている．

11・3 グローバル化の波の中での地球環境問題

　地球環境問題の解決には地球上の各国が協力して対処する必要があるが，環境問題の解決という総論には異論がないものの，具体的な対策という各論については利害の対立などから，問題解決への枠組みについても合意を得るのは容易ではない．

　環境問題の多様化に伴い原因者と被害者との関係も複雑に変化している．環境問題は，製造業の生産活動から排出された汚染物質が住民の健康や漁業等の生産活動を阻害した産業公害に始まる．ここでは汚染原因者である製造業者と被害者である住民や漁業者がはっきりと区分けできた．このような汚染原因者と被害者の明確な対立の図式の下で，汚染を出しているものが，みずから費用を負担し必要な対策を行うべきであるとする**汚染者負担原則**（PPP; Polluter Pays Principle）の考え方が生まれた．

　しかし，大規模な排出源の規制によって産業公害が沈静化するのに代わって表面化してきた**都市生活型公害**は，その名が示すとおり日常の生活活動に起因しており，原因者と被害者が区別できない環境問題であった．湖沼等の富栄養化は産業排水とともに家庭排水の負荷が大きな割合を占めており，大規模排出源の規制によって産業排水の負荷が減少する一方で，家庭排水の負荷の削減はなかなか進まなかった．霞ヶ浦や琵琶湖などではみずからが出した生活排水で汚れた湖沼の水を飲料水の原水として利用しているが，浄水処理は行うものの，においや味が損なわれたり，浄水処理コストの負担が大きくなるなどの影響を受けている．また，自動車の走行は大気汚染や騒音などの環境問題をひき起こした．まさにみずからの生活活動が起こした環境破壊の被害をみずからが受けていることになる．

　地球環境問題についても同じことがいえる．わが国の部門別の二酸化炭素排出量は総量としては産業活動に伴うものが多い．しかし，産業や工業プロセスからの排出は基準年の1990年に比べると横ばいないし減少しているのに対し，家庭からの

排出は業務あるいは運輸といった部門とともに2割増加している．また，オゾン層破壊をもたらしたフロン類の排出についても，カーエアコンや冷蔵庫の冷媒，スプレーの噴射剤など，家庭生活においても大気中に放出されていた．このように，地球環境問題にも，みずからの生活活動が生み出した環境破壊の影響をみずからが受けるという構図がみられる．

しかし，国家レベルの関係では，地球環境問題にも従来の加害者と被害者という関係がみえてくる．POPsはそれらを製造・使用し，環境に排出している現場から遠く離れ，それらの使用に伴う便益を享受していない極地方の人々の体内に高濃度に蓄積されることが問題になった．世界における二酸化炭素の排出量は1999年時点で19％弱の人口しか住んでいないOECD諸国が55％を占めている．一方で国によって内容や程度は異なるものの，地球温暖化の影響は地球上の各国が受けることになる．温暖化などによる海面上昇によって国土の多くが水没する可能性が指摘されているのは，二酸化炭素の排出量の少ない島国と考えられる．人間が生きていくには二酸化炭素の排出は避けられず，従来の産業公害でみられたほどは明確でないものの，加害者と被害者の対立の構図が国家間の関係としてみられるのが，地球環境問題の特徴である．

このような中で地球環境問題に協力して取組むうえで障害となっているのが，過去にエネルギーや化学物質を消費し，その便益を十分に享受してきた先進国とこれまで便益を享受できずにエネルギーや化学物質の消費の抑制を求められる途上国の対立である．全地球的な協力体制を構築するには，この対立を解消して合意を形成することが必要となる．

オゾン層破壊に対してはオゾン層破壊物質の製造・使用の規制が国際的に合意されたが，この合意の中では先進国と途上国の削減スケジュールに時間差を設けることで対立の解消を図っている（表11・3）．先進国では1994～96年に全廃するとされている特定フロン，ハロンや四塩化炭素が途上国では2010年に全廃されることになっている．この間は途上国ではこれらの物質を使って過去に先進国が享受してきた便益を享受できることになる．

しかし，地球温暖化については先進国と途上国間の対立が解けないばかりではなく，先進国間の利害の対立もあり，京都議定書で定められた枠組みについても合意が得られていない．京都議定書では，先進国について基準年〔二酸化炭素，メタンおよび一酸化二窒素については1990年，途中で追加されたヒドロフルオロカーボン（HFC），ペルフルオロカーボン（PFC）および六フッ化硫黄については1995年〕

表 11・3　モントリオール議定書に基づくオゾン層破壊物質の全廃スケジュール

物　質　名	先進国における全廃時期	途上国における全廃時期
特定フロン（CFC11, 12, 113, 114, 115）	1996年	2010年
ハロン（ハロン1211, 1301, 2402）	1994年	2010年
その他のCFC（CFC13, 111, 112, 211, 212, 213, 214, 215, 216, 217）	1996年	2010年
四塩化炭素	1996年	2010年
1,1,1-トリクロロエタン	1996年	2015年
HCFC（HCFC21, 22, 31, 121, 122, 123, 124, 131, 132, 133, 141, 142, 151, 221, 222, 223, 224, 225, 226, 231, 232, 233, 234, 235, 241, 242, 243, 244, 251, 252, 253, 261, 262, 271）	2020年（消費）	2040年（消費）
HBFC	1996年以降	1996年以降
ブロモクロロメタン	2002年以降	2002年以降
臭化メチル †	2005年	2015年

†　検疫および出荷前処理用は規制対象外

に対する 2008～12 年の削減率として温室効果ガスの排出削減目標が合意された．基準に対する削減率という目標は，それまでに行われてきた努力が報われないおそれがあることと環境問題に対する取組みの違いから，一律の削減率とはされず，わが国が 6％，米国が 7％，欧州連合（EU）が 8％など，国別に削減目標が設定され，全体で 5.2％の削減目標となっている．

1997 年時点での GDP 当たりの二酸化炭素の排出量をみると，米国はわが国の 3.2 倍以上の 1 ドル当たり 192 トン（炭素換算等量．ドルは 1995 年価格米国ドル）の二酸化炭素を排出し，EU 諸国と比べても高いレベルにあるが，京都議定書では EU と比べて低い削減目標が設定されている．

先進国は人口が圧倒的に多い途上国の取組みが不可欠としたが，途上国はこのような状況を生みだした先進国が先に着手すべきで，先進国の取組みは不十分だとして途上国の取組みについては合意に至らなかった．途上国に対して温暖化防止のための技術移転や支援基金の設置など，先進国が途上国の対応を支援する枠組みはつくられたが，途上国の排出削減にかかわる具体的な枠組みはその後の締約国会議でも合意に至っていない．さらに，二酸化炭素の最大の排出国である米国は途上国の実質的な参加がないなどとして，京都議定書からの離脱を表明している．

二酸化炭素の排出量の経年変化をみると，先進国では 1970 年以降，緩やかな増加に移る一方，途上国からの排出量は伸び続け，いずれは先進国を追い越しかねな

い状況にある（図11・4）．1997年時点での二酸化炭素の排出総量は京都議定書では途上国のグループに入れられ，排出削減目標が設定されていない中国が，米国の23.6％に続いて14.5％と2番目に排出量が多く，人口の多いインドも4.4％を占めている．

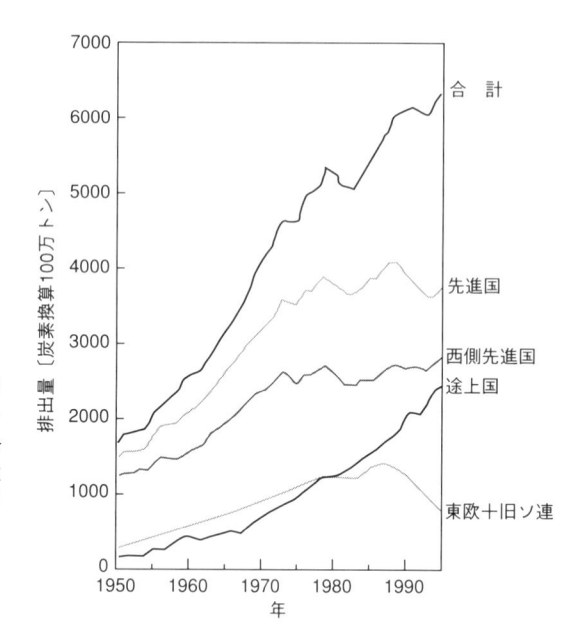

図11・4 世界の二酸化炭素排出量の推移［オークリッジ国立研究所二酸化炭素分析情報センター（米国）推計値，"環境白書（平成13年版）"環境省編，p.120，ぎょうせい（2001）］

地球温暖化防止のためにはこれらの国を含めた途上国からの二酸化炭素を含む温室効果ガスの排出削減が必要と考えられるが，1人当たりのエネルギー消費量は先進国と途上国で大きな差があるのも事実である．1998年の1人当たりのエネルギー消費量はOECD非加盟国が加盟国の1/6以下である．1973年の1/7以下と比べるとその差はいくらか縮まっているが，以前として大きな格差である．

人口は1998年時点でOECD非加盟国が加盟国の4.3倍であり，先進国が数％程度の温室効果ガスの排出削減を行っても，途上国が1人当たり先進国並みに温室効果ガスを放出すると，温室効果ガスの総排出量は現状の数倍に及ぶことになる．先進国が進めている経済のグローバル化は，途上国の経済活動レベルのいっそうの増大を促すことになるが，このことは地球環境問題の解決にどのような作用をもつのだろうか．確かに地球温暖化の防止に向けてさまざまな技術開発が進められ，排出

抑制は進んでいくと考えられるが，先進国が数％程度の排出削減にとどめる場合は，途上国の1人当たりの温室効果ガスの排出を先進国に比べて低いレベルに抑制せざるをえないのではないだろうか．

わが国の温室効果ガス排出量は1ドル当たり59トン（炭素換算等量，1995年価格米国ドル）と先進国の中ではフランスと並んで低いレベルにあるが，わが国も途上国と比べると1人当たりの温室効果ガスの排出量は高い水準にあり，京都議定書の削減目標の達成は最低限の責務と考えられる．しかし，2001年時点での温室効果ガスの排出量は基準年の1990年と比べて総量で5.2％増加しており，家庭や事務所などの民生部門を中心にいっそうの削減に努力しないと，最低限の責務と考えられる削減目標の達成も難しくなる．

11・4 将来世代にどのような環境を残すか

先進国と途上国の関係と並んで，地球環境問題を考えるうえで留意しなければならないのは世代間の対立である．世代間の対立といっても将来世代からの主張があるわけではなく，子孫である将来世代にどのような環境を残すべきかを考えて，現世代のわれわれが環境問題にどこまで対処していくかということを考えなければならない．

硫黄酸化物などによる大気汚染や有機汚濁による富栄養化などの環境問題は，それをひき起こした世代が結果としてもたらされる被害も受けている．しかし，過去の人間活動が土壌，地下水や底質などに残した残留性汚染は，容易にはきれいにならない（6章参照）．そのまま放置すれば，将来世代にわたって健康影響のおそれに脅かされることになり，浄化しようとすると多大なコストがかかることになる．すなわち，過去の世代が残した付けの支払いを現世代が払うか，そうでなければその付けを将来の世代にまで回すことになる．地球温暖化は温室効果ガスの排出の増加に伴い進行し，その影響が疑われる現象が観察されているものの，現世代が深刻な被害を受けるおそれは低い．しかし，このまま何の対策も施さないでいると将来世代に大きな付けを残すことになるため，対応策が議論，検討されている．

一方，現時点では一生涯にわたる微量の暴露がもたらす健康被害を懸念して化学物質の製造・使用の制限や排出規制が行われている．しかし，内分泌攪乱化学物質に特有な影響として，特定時期に暴露を受けるだけで後になってから起こる影響が懸念されている．内分泌攪乱化学物質が環境汚染を通じて人の健康被害を発生させた事例は報告されていないが，米国で流産防止薬を服用した妊婦から産まれた子供

に成人してから特徴的ながんが発生しており，薬の内分泌撹乱作用との関連が疑われている．このように，器官や機能の発達途上にある胎児や幼児期にある種の化学物質に暴露されると成人とは違った影響を受ける可能性が指摘され，これらの物質が子供に与える影響について重点的な検討が始められている．

将来世代に付けを残さないために，1992年の環境と開発に関するリオ宣言の第15原則では，"環境を保護するため，各国により，その能力に応じて，予防的取組方法が広く適用されなければならない．深刻な，あるいは不可逆な被害のおそれがある場合には，完全な科学的確実性の欠如が，環境悪化を防止するための費用対効果の大きな対策を延期する理由として使われてはならない"とされている．このような予防的取組みについては，リオ宣言に先立つオゾン層保護条約や，生物多様性条約，気候変動枠組条約など，多くの条約の中にも記載されている．

これらの中では，予防的取組方法（Precautionary Approach），予防原則（Precautionary Principle），予防措置（Precautionary Measures）など，さまざまな用語が用いられ，いずれの用語を採用するかがどの条約でも案文を作成する際に大きな議論になっている．予防的取組方法と比べると，予防原則の方が，確実性がより低い段階でも将来世代に深刻な影響を及ぼす環境問題をひき起こすおそれがある場合には，人間活動を制限して環境問題の発生を未然に防止していこうとする考え方といえる．すべてが解明されてから対応するのでは，将来世代の健康を脅かしたり，後始末に大きな負担をかけさせる事態を発生させるおそれのあることは，これまでの経験から自明のことであるが，判断を誤ると別な側面（たとえば，農薬の過剰規制による食糧生産の減少）で現世代だけでなく，将来世代にも大きな付けを残すおそれがある．

将来世代にとって何の影響もない環境を残すことはできない．かりに人間活動に伴って生じる影響をなくせたとしても，自然の活動が人の生活や健康に影響を及ぼすおそれがある．わが国の地下水の約2％には飲用による発がんの懸念から設定された地下水環境基準を超えたヒ素が含まれているが，その多くは自然の土壌から溶けだしたものと考えられる．わが国では健康被害は顕在化していないものの，フィリピン，バングラデシュ，中国など，自然由来の地下水汚染による皮膚がんなどの健康被害が顕在化している地域が世界各地でみられる．

また，火山の噴火はさまざまな物質を環境中に放出することになるが，その規模は人間活動に比べてはるかに大きくなる場合もある．1991年のフィリピンのピナツボ火山の噴火で巻き上げられた粉じんが地球全体に広がり，太陽光を妨げたため，

11・4 将来世代にどのような環境を残すか

地球全体の気温を下げたことが知られている．また，三宅島の噴火で吹き出している硫黄酸化物はいまだに島民の帰島を阻んでいるが，島外の大気中の硫黄酸化物濃度にも影響を及ぼし，2000年度の環境基準達成率は前年に比べて数％低くなっている．

このように自然の活動は人間活動以上に環境の状況を悪化させる要因となることもある．このような中で，どこまで良い環境を残していけるのだろうか．もちろん，自然由来であれ，人間活動由来であれ，環境基準を超える汚染はヒトや生物に被害をもたらすおそれがあり，自然由来のレベルまで汚染してもよいというものではない．むしろ，自然由来のレベルが高い場合は，人間活動に伴う負荷をいっそう抑制しないと，被害の発生を防ぐことができないことになる．

南極で採取した250 m深の氷床コアを分析して得られた過去の二酸化炭素の濃度と水分子に含まれる酸素同位体の割合からみた気温の変化をみると，地球では約10万年おきに二酸化炭素濃度や気温の高かった時期がある（図11・5）．地球温暖化防止にどれだけの対応が必要かを判断するうえでこの現象をどう解釈するかが問題となるが，二酸化炭素濃度と温暖化の因果関係は不明である．この時期の地球の気象がどのようなものであったのか，そのような条件の中でわれわれや将来世代の人間が生活していけるかを考える必要があり，単純に過去に経験しているから大丈夫だということにはならない．

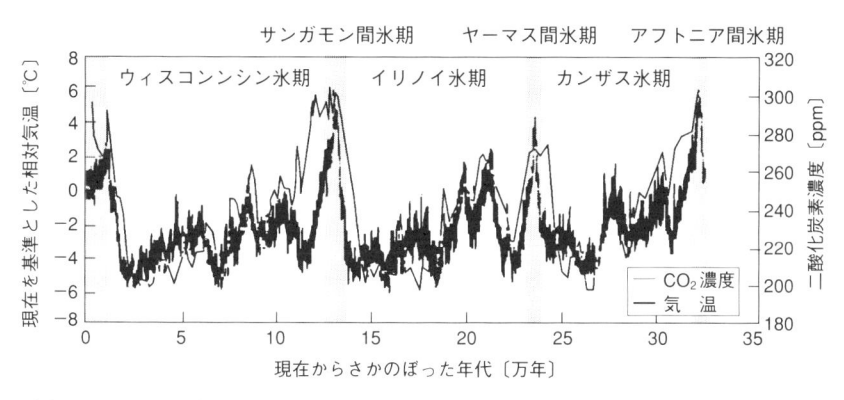

南極ドームふじで採取した250 m深の氷を分析して得られた過去の二酸化炭素の濃度．気温は氷の水分子の酸素同位体比から推定 [T. Kawamuraら, *Antarctica, Tellus*, (2003) による．"地球温暖化研究の最前線"，総合科学技術会議環境担当議員，内閣府政策統括官共編，p.24（2003）]

図11・5 南極の氷床コアからみた二酸化炭素濃度と気温の推移

人の健康にかかわる環境基準はリスク評価に基づいて設定されるが，遺伝毒性を有する発がん物質についてはしきい値が存在しないと考え，10万人に1人のがんを発生させるおそれのある濃度レベルを実質的に安全な量とみなして基準値を設定している．この確率で起きている現象を疫学的に証明するには，少なくとも基準値を超過する暴露を受けている10万人以上のヒトを調査する必要がある．汚染の広がりやタバコや食品などからの複合暴露も考えると，実質上証明することは不可能である．われわれが日常さまざまなリスクに直面していることも考えると，発生していることを証明できないレベルに基準値をおくことが適当だろうか（2章参照）．しかし，10万人に1人ということはわが国全体で1000人のレベルになる．わが国だけで1000人にがんが発生するレベルを安全な量とみなしてよいのだろうか．

また，わが国では事業場の近傍にも多くの人々が住んでいるが，環境基準の達成状況を評価するためのモニタリングでは事業場周辺に環境基準を超えた暴露があったとしても，その実態を十分に把握できない点も考慮する必要がある．

11・5 地球環境問題は解決できるか

科学技術の進歩はわれわれの生活水準を大きく向上させてきた（1章参照）．しかし，その一方で"ものをつくる目"だけで，"環境の目"をもたずに科学技術を発達させてきたために，科学技術の進歩が環境破壊をもたらす原因となってしまった．

トリクロロエチレンは健康被害をもたらすおそれのある地下水汚染を起こすが，その水溶解度は約 1000 mg/L である．ものをつくる目からみるとほとんど水に溶けず，油脂をよく溶かすとみえるため，脱脂洗浄に用いてきた．この目からみれば，水に溶けないものが人の健康に影響を及ぼすほどの高濃度の地下水汚染をなぜ起こすかということになるが，地下水環境基準の 0.03 mg/L と比べると 3 万倍以上水に溶けることになる．地下水汚染現場の調査では，基準値の1万倍を超える地下水汚染が見いだされており，原液状のトリクロロエチレンの存在が示唆されている．一方，PCB は沸点が高く，揮発性が低いことから，熱媒体として用いられてきた．ものをつくる目からは，このような PCB が大気中に侵入し，地球規模に拡散して極地方の人々の体内に蓄積するとは考えにくいが，数千万倍にも及ぶ食物連鎖を通じた生物蓄積がこのような事態を生み出した．

このように，"ものをつくる目"と"環境の目"でみると，同じ化学物質がまったく逆の性質をもつようにみえることになる．環境問題の多くは環境の目からもの

をみなかったことが原因で発生したと考えられる．この反省から，あらゆる人間活動が環境の目でみられるようになってきた．環境マネジメントシステムに対する国際規格ISO14001の審査登録件数は急増している．また，国などの公的部門が環境に配慮した製品等の調達を進めたり，それらの製品等に関する情報提供を進めることにより，循環型社会の形成促進をめざした2001年のグリーン購入法の施行に伴い，環境配慮型製品の購入に取組む団体数も急増しており（表11・4），それに対応して環境配慮型製品の販売額も大幅な増加を示している．化学工業界では，有害な化学物質や溶媒の使用や廃棄物等の発生をできるだけ抑制した製造方法を取入れたグリーンサステイナブルケミストリーの導入促進を図っている．さらに，環境に配慮した企業の取組みを社会に向けて開示する環境報告書を作成したり，環境保全にかけているコストとそれによって得られる効果を定量的に測定し，公表する環境会計を取入れる企業も増えている．また，このような環境保全に対する取組みは，企業の中でも"社会貢献の一つ"から"企業の業績を左右する重要な要素"あるいは"企業の中の最も重要な戦略の一つ"とより積極的に位置づけられてきている．

表11・4　企業における環境保全への各種取組みの推移

年　度	ISO14001 審査登録件数	環境報告書発行 企業・団体数	グリーン購入取組団体数	
			オフィス用品等	部品・原材料・ 包装材等
1996	140		109	53
1998	1395	197	398	121
2000	5075	430	802	256

このような企業の取組みを支えるのは，環境保全技術の進歩である．環境破壊を起こしたのも科学技術であるが，環境保全を可能にするのも科学技術の進歩である．わが国の自動車排ガス規制は世界的に最も厳しいものであるが，それに対応するためにさまざまな技術開発が行われ，それが国際的な競争力を高める一つの要因となった．その他の規制の強化にあわせてもさまざまな技術開発が進められ，各分野において環境保全にかかわるエコビジネスとよばれる新しい事業を生み出すきっかけとなっている（表11・5）．たとえば，オゾン層破壊物質の規制はオゾン層破壊能の小さい化学物質の誕生を促し，地球温暖化への対応はオゾン層破壊能とともに温室効果も小さい化学物質の開発を促している．また，容器，家電製品など，多様な廃棄物のリサイクルを製造業者に義務付け，促進する各種リサイクル法の制定

表11・5　最近の環境規制とエコビジネス

年代	環境規制等	エコビジネスのおもな動き
1992	モントリオール議定書の改定 （CFC削減の前倒し） 自動車NOₓ法制定	オゾン破壊係数"ゼロ"冷蔵庫など脱CFCの技術開発の進展 希薄燃焼エンジンおよび三元触媒の開発普及
1994	気候変動国際枠組条約発効 国連大学がゼロエミッションを提唱	電機，自動車メーカーの省エネルギー技術開発の促進 自動車，電機，ビールメーカなどでゼロエミッションの取組み開始
1996	ISO14001認証制度	ISO14001認証取得支援サービス，LCA支援サービス，環境報告書作成
1997	廃棄物処理法の改正 （マニフェスト制度の見直しなど）	リサイクル・廃棄物処理支援ビジネスの加速
1998	バイオレメディエーション環境影響評価指針の公表	バイオレメディエーション技術の開発促進
1999	省エネルギー法改正，地球温暖化対策推進法の施行 化学物質排出把握管理促進法公布	太陽電池，燃料電池関連の技術開発の進展 電気メーカーなどによる化学物質管理システムの開発
2000	ダイオキシン類対策特別措置法施行 各種リサイクル法の施行・公布 グリーン購入法公布 気候変動枠組条約6回締約国会議	ダイオキシン対応型ごみ焼却施設の改修・新規設置の促進 容器包装リサイクル法対応支援ビジネスの促進 大手ゼネコンを中心にゼロミッションへの取組み開始 生ごみ処理ビジネスの加速化 環境配慮型製品の市場への普及促進 排出量取引ビジネスが注目される
2001	家電リサイクル法施行	廃棄物処理・リサイクル関連のコンサルタントビジネスが盛んになる

出典："環境白書(平成14年版)"，環境省編，ぎょうせい（2002）．

は，リサイクルの容易な製品の開発につながっている（9章参照）．

　地球温暖化の解決に向けても，太陽光発電，風力発電などの代替エネルギー技術は実用化段階に入っており，燃料電池など，エネルギー効率の高い発電システムや深海や廃坑，廃ガス田などに二酸化炭素を貯蔵する技術などの研究も進められている．これらの技術を含めた技術革新により，2020年までに炭素換算で1年当たり36～51億トンの排出削減が可能と試算されている（表11・6）．

　一方で，対策技術の開発だけでなく，環境問題の影響の程度を評価するためにも，科学技術の進歩が欠かせない．予防的取組みを行うに当たっては，情報が限られていることに伴う不確実性を考慮して安全率を見積もる必要がある．しかし，過度な

11・5 地球環境問題は解決できるか

表 11・6　2020 年までの排出削減ポテンシャル[†1]

部　門	潜在的排出削減量[†2]	
	2010 年	2020 年
住宅・事務所	70,000 万～75,000 万	100,000 万～110,000 万
運　輸	10,000 万～30,000 万	30,000 万～70,000 万
工　業		
エネルギー効率改善	30,000 万～50,000 万	70,000 万～90,000 万
物質効率改善	～20,000 万	～60,000 万
二酸化炭素以外のガス	～10,000 万	～10,000 万
農　業	15,000 万～30,000 万	35,000 万～75,000 万
廃棄物	～20,000 万	～20,000 万
モントリオール議定書代替品使用	～10,000 万	
エネルギー供給およびエネルギー転換	5,000 万～15,000 万	35,000 万～70,000 万
計	190,000 万～260,000 万	360,000 万～505,000 万

[†1] 直接コストが炭素換算トン等量当たり 100 ドル以下で市場に導入される技術をもとに削減ポテンシャルを計算した．
[†2] 単位は炭素換算トン等量/年．炭素換算トン等量とは，メタンや一酸化二窒素などの排出量を温暖化させる度合いをもとに二酸化炭素排出量に換算し，温室効果ガス排出量全量を炭素の重量で表したもの．
出典："地球温暖化研究の最前線"，総合科学技術会議環境担当議員，内閣府政策統括官共編 (2003)．

負担を避けるため，安全率はできるだけ小さくすることが望ましい．

　地球温暖化については，温暖化に伴う気候変動をできるだけ正確に予測する必要がある．数多くの気候モデルが開発され，それらによる予測結果を比較，検討することにより，より精度の高い予測結果を導き出そうと試みられている．また，予測精度を上げるためには，メカニズムの正確かつ詳細な解明が必要である．特に，二酸化炭素の吸収源については十分な解明がなされておらず，森林や海洋における二酸化炭素の収支について研究が進められている．

　化学物質の有害性の評価においても，動物についての結果からヒトへの影響を予測することや，ヒトによる感受性の違いなどの不確実性を考慮して，動物実験の結果に 10～1000 倍の安全率を見込んでリスク評価を行っている．これを小さくするには，どのような化学物質が動物とヒトにおける代謝が違うのか，ヒトによる感受性の違いはどの程度なのかなどを解明する必要がある．また，有害性を確認する試験には多額のコストがかかり，実験動物に対する配慮からも，化学物質の構造から有害性の有無を推定する定量的構造活性相関（QSAR）の検討など，リスク評価を効率化する手法の開発も行われている．

このように，地球環境問題の解決にとって科学技術の進歩は欠くことのできないものである．もちろん，科学技術の進歩だけで地球環境問題の解決を図ることは難しいと考えられ，われわれの生活様式の見直しも必要ではあるが，科学技術の進歩がないと生活水準を大きく後戻りさせなければならなくなる．いずれは100億人を超えるといわれる人類が地球上で他の生物と共存して生きていくためには，"環境の目"をもった科学技術のさらなる進歩が必要なことはいうまでもない．

一方，生活様式の変化の必要性について社会が正確に認識するには，科学的な知見の集積とその情報の的確な伝達が必要である．対策技術の開発とともに，情報伝達の役割は科学技術の研究に携わる者に課せられた使命といえる．地球環境問題が解決できるかどうか，そのためにどこまでのことをしなければならないかを明確に示すことは現時点では難しい．地球環境問題が解決できるかどうかは，科学技術はもちろん，社会的経済的側面からの研究にこれから携わっていくものの双肩にかかっている．

参 考 文 献

・"地球温暖化研究の最前線"，総合科学技術会議環境担当議員，内閣府政策統括官共編，財務省印刷局（2003）．
・"アジェンダ21"，国連事務局，環境庁，外務省監訳，海外環境協力センター（1993）．
・"環境白書"，環境省編，ぎょうせい．

あ と が き

　環境問題はよく"なまもの"だといわれる．いろいろな環境の状況が目まぐるしく変化することを言い表しているのであろう．本書には2004年の時点で環境問題にそれぞれの立場から携わっている9人の執筆者の思いが述べられている．

　本書では，よくある"環境本"とは異なって，環境問題に対して賛否両論を併記し，読者自身に考えてもらうことをめざした．章立てが問いかけ形式になっているのもそのためである．本書がその目的にかなったものになったかどうかは，もちろん，読者の判断に任せざるをえない．

　さまざまな考え方を知るうえで，読者の参考のために，1冊の本を紹介したい．2003年6月末に刊行された"環境危機をあおってはいけない ── 地球環境のホントの実態"（ビョルン・ロンボルグ著，山形浩生訳，文藝春秋）である〔原題は"The Skeptical Environmentalist: Measuring the Real State of the World", Cambridge University Press, 1998/2001〕．著者ロンボルグ（デンマーク・アーハウス大学の統計学担当準教授）が，学生たちの助けも借りて，環境問題に関係する国連のデータや研究者の科学論文をできるだけ多く収集のうえ再吟味し，4年間をかけてまとめあげた力作だ．その中で，従来の環境論者の統計データの扱い方について厳しく批判している．

　データを精査した著者の主張は，"たしかに今，いろいろな環境問題があることは事実だが，全体としてみれば，環境は多くの面でむしろよくなってきている"という点にある．原著が2001年11月に刊行されて以来，欧米では激しい議論や論争がわき起こり，ロンボルグは一躍時の人になった．デンマーク政府内にできた調査委員会が，一時はロンボルグを非難する調子の声明を出したけれど，2003年の秋にはそれを撤回したということである．

　振返って日本の環境を考えてみると，大気汚染などの公害問題が盛んに議論された70年代以降，科学・技術の寄与もあって，最近の都会の大気もずいぶんきれいになったと実感する．河川についても，たとえば多摩川の浄化も進み，鮎（そじょう）が遡上するほどになった．一方では，科学・技術の進歩につれ，環境中に今までみえなかったものがみえてきたり，新たな問題が生まれたりしている．

むろんロンボルグも"これから何もしなくてもいい,というわけではない.社会的課題に優先順位づけして当たるのが肝心だ"と述べている.

この著作は環境の状態や影響についてのデータから問題の実像を的確にとらえることや,環境問題のもつ複雑さと広がりに鑑み,個々の問題だけでなく社会全体での位置づけの中で総合的に対応することがいかに重要かを再認識させてくれる.

ほかにもたとえば,"地球温暖化論への挑戦"(薬師院仁志著,八千代出版,2002年)など,従来のいわゆる通説を批判した本が出た.本書だけでなく,このようなまったく別の主張を含んだ本も読んで,いろいろな考え方があることを知り,環境問題をみずから科学の目で判断する力を養っていただきたいと切に願うものである.

日本化学会 大学環境教育テキスト編集小委員会

索　引

ADI（許容1日摂取量）　29
CFC（クロロフルオロカーボン）　8, 73
DALY（障害で調整した生存年数）　35
DDT（p,p'-ジクロロジフェニルトリクロロエタン）　8, 51
GDP（国内総生産）　11, 26
GNP（国民総生産）　11
HCFC（ヒドロクロロフルオロカーボン）　73
HFC（ヒドロフルオロカーボン）　73
IPCC（気候変動に関する政府間パネル）　72, 170
ISO14001　183
LCA（ライフサイクルアセスメント）　142
MSDS（化学物質等安全データシート）　112
NAOEL（無毒性量）　29
ORPC条約　174
PCB（ポリ塩化ビフェニル）　8, 51
PCB廃棄物　94
PET（ポリエチレンテレフタレート）　147
PFC（ペルフルオロカーボン）　73
PIC条約　172
POPs（環境残留性有機汚染物質）　51, 92
PPP（汚染者負担原則）　175
PRTR（環境汚染物質排出・移動登録）　74, 112
PRTR制度（化学物質排出移動量届出制度）　74, 112
PVC（ポリ塩化ビニル）　147
QALY（生活の質で調整した生存年数）　33
QOL（生活の質）　33
QSAR（定量的構造活性相関）　185
R瓶　150
TBT（トリブチルスズ）　53
TDI（耐容1日摂取量）　29
UNEP（国連環境計画）　69, 171
VOCs（揮発性有機化合物類）　74, 89
VSD（実質安全量）　30, 182
WHO（世界保健機構）　25

あ 行

悪性新生物　26
アジェンダ21　172
アルミニウム　141
安全係数　29
硫黄酸化物　77
　　――の排出規制　107
イースター島　3
イチイヅタ　54
一般廃棄物最終処分場　137
遺伝子組換え作物　66
遺伝子資源　6
遺伝子の多様性　6, 44
遺伝的浮動　46
陰イオン交換樹脂　82
ウィーン条約（長距離越境大気汚染条約）　172
宇宙資源　118
エアコンディショナー　144
疫学調査　29
エコビジネス（環境ビジネス）　100, 183
エネルギー資源　124
エネルギー消費　13
エネルギーピラミッド　42
塩素消毒　83
エンド・オブ・パイプ　163
エントロピー　131
オキシダント　77
汚染者負担原則（PPP）　175
汚染底質　97
オゾン酸化処理　83
オゾン層　87
　　――の破壊　8, 73, 87, 166
オゾン層の保護のためのウィーン条約　174
オゾン層破壊物質　73, 88
　　――の全廃スケジュール　177
オゾン層保護法　106
オゾンホール　88
温室効果ガス　3, 72
　　――の排出削減　178
温暖化→地球温暖化

か

科学的自然減衰　99
化学物質
　　――によるリスク　28
　　――の審査及び製造等の規制に関する法律（化審法）　106
　　――の生物濃縮　93
　　――のリスク評価　31
化学物質環境汚染実態調査　92
化学物質等安全データシート（MSDS）　112
化学物質排出移動量届出制度（PRTR制度）　74, 112
化学物質排出把握管理促進法　112
化審法　106
　　改正――　114

索引

か

活性汚泥法 82
活性炭吸着装置 79
家庭ごみ 138
家庭用電気機器 16
家電4品目 144
家電リサイクル法 140, 144
可能耕作地 62
紙のリサイクル 141
ガラス 141
ガラス瓶 139
カロザース(W. H. Carothers) 8
カロンボー市の産業共生 156
環境インパクト連関 162
環境汚染調査 105
環境汚染物質 28
　　——のリスクランキング 32
環境汚染物質排出・移動登録
　　　　　　(PRTR) 74, 112
環境基準 29, 107, 110
環境権 9
環境残留性有機汚染物質
　　　　　　(POPs) 51, 92
環境修復 86
　　——のコスト 94, 96
　　——のコスト負担 98
環境浄化 108
環境対策 36
　　——の費用対効果 36
環境調査 104
環境と開発に関するリオ宣言
　　　　　　　　　　180
環境の目 182
環境破壊 103
　　——の未然防止 103
　　人間活動による—— 103
　　自然活動による—— 180
環境ビジネス(エコビジネス)
　　　　　　　　　100, 183
環境報告書 114, 183
環境保全技術 183
監視化学物質 114

き

気候変化 171
気候変動に関する政府間パネル
　　　　　　(IPCC) 72, 170
技術の3要素 13

規制 102
揮発性有機化合物類 (VOCs)
　　　　　　　　　74, 89
基本的人権 9
逆有償 153
供給熱量 14
凝集剤 81
凝集沈殿 83
凝集沈殿池(槽) 81
共進化 46
共通瓶 150
京都議定書 142, 174, 176
共役的利用 156
許容1日摂取量(ADI) 29
キレート樹脂 82
金属量 123

く，け

空気清浄器 75
クシクラゲ 54
クラーク数 120
グリーン購入法 183
グリーンサステイナブル
　　ケミストリー 183
クレタ島 2
クローズドループリサイクル
　　　　　　　　　148
クロム鉱石 127
クロロフルオロカーボン
　　　　　　(CFC) 8, 73
経済行為 134
経済のグローバル化 178
継続的なモニタリング 104
ケナフ 143
ケミカルリサイクル 148
限界寿命 22
限外沪過膜 81
嫌気性微生物分解 81
健康 21
健康項目 105
　　水質環境基準の—— 109
健康寿命 35
健康被害 97
原始地球 1
建設リサイクル法 140
元素存在度 118

こ

高位推計
　　人口予測値の—— 61
公害調停 98
好気性微生物分解 81
合計特殊出生率 60
降水量 64
鉱石 120
鉱物資源 124
高齢化 27
小型ペットボトル 139
国際熱帯木材協定 174
コークス 6
コークス炉での燃料化 149
国内総生産(GDP) 11, 26
国母工業団地 157
国民総生産(GNP) 11
国連環境と開発の会議 171
国連環境計画(UNEP) 69, 171
国連人間環境会議 171
ゴ(5)サイクル 151
コスト
　　環境修復の—— 94, 96
　　長生きの—— 38
　　モニタリング 109
　　リスク管理の—— 108
コスト負担
　　社会的な—— 99
　　環境修復の—— 98
個体数ピラミッド 42
五段階欲求説 10
ごみ
　　——の最終処分量 136
　　家庭—— 138
コールタール 7
ゴルトシュミット
　　(V.M. Goldschmidt) 126

さ

採掘可能資源量 128
サイクロン 78
最終処分場 137, 163
最終処分量
　　ごみの—— 136

索　引

最大寿命　22
　　人類の——　23
　　日本人の——　23
里山生態系　55
砂漠化　64, 69
　　——の現状　5
サーマルリサイクル　157
産業共生　156
　　カロンボー市の——　156
産業クラスター　156
産業廃棄物最終処分場　137
産業連関表　160
産業連関分析　144
酸性雨　165
　　——による森林被害　166

し

市街地土壌汚染　89, 95
　　——の汚染面積分布　95
　　——の修復コスト　96
時間トレードオフ法　33
しきい値　29
資源・エネルギーの節約　140
資源の埋蔵量　126
自主管理　102, 110, 113
自然活動
　　——による環境破壊　180
自然生態系　42
　　——の構成　41
自然選択　46
自然沈殿　83
自然沈殿池（槽）　81
持続可能な発展　171
実質安全量（VSD）　30, 182
自動車　16
自動車リサイクル法　151
死亡診断書　27
死亡率　22
　　——の経年変化　27
社会的なコスト負担　100
自由時間　17
集じん装置　78
修復コスト　94
　　市街地土壌汚染の——　96
重量単価　160
充塡塔　78
種の多様性　6, 44

寿命　21
　　——という物差し　21, 38
シュメール文明　2
循環型社会実現の手順　159
障害で調整した生存年数
　　　　　　　　　（DALY）　35
浄水器　75
消費者相　41
小欲知足　18
食品リサイクル法　140
食物連鎖　41
　　——による生物濃縮　51, 93
食　糧　66
　　——の増産　66
食糧需要量　63
進　化　46
人口過剰　59
人工生態系　43
人口転換　60
人口動態　60
人口動態統計　26
人口爆発　56
人口予測値　60
　　——の高位推計　61
　　——の中位推計　61
侵入生物　53
森林破壊　2, 4, 48
森林伐採　143
森林被害
　　酸性雨による——　166
人　類　23
　　——の最大寿命　23
　　——の発生　2

す～そ

水質環境基準　109
　　——の健康項目　109
スクラバー　78
ストックホルム条約　93
砂沪過　83
スロープファクター　30
生活の質（QOL）　33
生活の質で調整した生存年数
　　　　　　　　　（QALY）　33
生産者相　41
生態系　40
　　——の多様性　6, 44

生態ピラミッド　42
成長の限界　122
静的耐用年数　126
製鉄産業　6
製鉄用高炉への吹き込み　149
生物圏　40
生物多様性　6, 44
　　——の意義　45
　　——の創造　46
　　——の崩壊　47
生物多様性条約　56, 174
生物蓄積性　93
生物的防除　54
生物濃縮　93
　　化学物質の——　93
　　食物連鎖による——　51, 193
生物フィルター　42
生物膜法　82
生物モニタリング　92
精密沪過膜　81
生命表　22
世界人口　12, 60
　　——の大陸別分布　60
世界人口予測　60
世界の平均寿命　25
世界保健機関（WHO）　25
析出相分離　126
石　炭　120
石炭化学　7
石　油　120
石油化学　73
摂取熱量　14
絶　滅　47
　　——のおそれのある種　7
ゼロエミッション　153
ゼロエミッションネットワーク
　　　　　　　　　　　　158
ゼロリスク　37, 84
洗濯機　144
総資源量の見積もり　130
相分離　127

た　行

第一種特定化学物質　114
ダイオキシン類　116
大絶滅　47
代替エネルギー技術　184

耐容 1 日摂取量 (TDI)　29
対　立
　　汚染原因者と被害者の──
　　　　　　　　　　　　　175
　　世代間の──　179
　　先進国と途上国の──　176
脱窒素　83
脱リン　83
ダービー (A. Darby)　6
地域ゼロエミッション　159
地下資源　120
　　──の成因　126
地下水汚染　89
　　自然由来の──　180
地下水濃度　91
地球温暖化　3, 168
　　──の影響　64
　　──の原因　74
　　──への影響　73
地球資源　118
地球大気の組成　1
地産地消　20
窒素酸化物　77
中位推計
　　人口予測値の──　61
長距離越境大気汚染条約
　　（ウィーン条約）　172
ツァイドラー (O. Zeidler)　8
定期的なモニタリング　106
ディーコン (H. Deacon)　8
底　質　76
定量的構造活性相関 (QSAR)
　　　　　　　　　　　　　185
豊　島
　　──の不法投棄　98, 137
鉄　141
　　──のスクラップ　134
テレビ　144
電気集じん機　78
天然ガス　120

東京ルール　139
銅鉱石　127
統合バイオシステム　154
動物実験　29
特定フロン　8
都市生活型公害　175
都市生態系　42

土壌汚染　88
　　市街地──　89
　　農用地──　88
土壌汚染対策法　89, 95
　　──の指定基準　90
土地の生産性　63
突然変異　46
トリクロロエチレン　91
トリハロメタン　75, 83
トリブチルスズ (TBT)　53

な　行

内分泌撹乱化学物質　116, 179
南北問題　50

ニ(2)サイクル　151
二酸化炭素　168
　　──濃度の変化　71
　　──の放出量　141
　　──排出量の推移　178
日本人　23
　　──の最大寿命　23
　　──の平均寿命　23
人間活動
　　──による環境破壊　103
　　──の制限　102
人間環境計画　171
人間環境宣言　171

熱水鉱床　127
熱帯雨林　48, 71
熱帯季節林　48
熱帯サバンナ林　48
熱帯林　5, 48
　　──の破壊　48
農耕地生態系　42
農耕文明の成立　2
農薬取締法　106
農用地土壌汚染　88
　　──の修復　97

は，ひ

バーゼル条約　172
バイオマス　142
バイオマスピラミッド　42

廃棄物最終処分場
　　一般──　137
　　産業──　137
排出規制　110
　　硫黄酸化物の──　107
排出ゼロ　153
ハイドロ→ヒドロ
パウリ (G. Pauli)　154
バガス　143
バグフィルター　78
ハザード比　31
バージン原料　142
発がん物質　30
発がんポテンシー　30
発泡スチロール　148
ハーバー (F. Haber)　8

東アジア酸性雨モニタリング
　　ネットワーク　172
ヒドロキシルラジカル　87
ヒドロクロロフルオロカーボン
　　　　　　　　(HCFC)　73
ヒドロフルオロカーボン
　　　　　　　　(HFC)　73
日の出町　137
非発がん物質　29
費用対効果
　　環境対策の──　36
費用効果分析　35, 98
標準ギャンブル法　33

ふ〜ほ

ファクター4　133
ファクター10　133
フィードストックエネルギー
　　　　　　　　　　　　　147
フィルム類　148
富栄養化
　　閉鎖系水域の──　87
不確実性　33
不確実性係数　29
不健康年数　34
腐植質　80
物質フロー　160
　　──の解析例　160
物量表　160
負の遺産　86
不法投棄　144
　　豊島の──　98, 137

索引

フューム　77
プラスチック　8
　　——のリサイクル　146
プロセスエネルギー　147
プロセスゼロエミッション　158
フロン類　73
分解者相　41

平均寿命　21
　　——とGDPの関係　26
　　世界の——　25
　　日本人の——　23
平均余命　24
ベークランド
　　　　　（L. H. Baekeland）　8
ペスト　3
ペット樹脂　147
ペットボトル　139
　　——の生産量と回収量推移
　　　　140
　　——のリユース　148
ペルフルオロカーボン
　　　　　（PFC）　73
POPs　51, 92
ホフマン（A. W. von Hofmann）
　　　　　7
ポリエチレンテレフタレート
　　　　　（PET）　147
ポリ塩化ビニル（PVC）　147

ま 行

埋設農薬　94
埋蔵量
　　資源の——　126
マイナスイオン　75
マグマの貫入　127
マスプラット（J. Muspratt）　7
マードック（W. Murdock）　7
マラリア　3
マルサス（T.R. Malthus）　59

マルポール条約　173
ミケーネ文明　2
ミスト　77
未然防止
　　環境破壊の——　103
ミネラル　80
ミュラー（P. H. Müller）　8
無毒性量（NAOEL）　29
メタン　169
　　——の発生源　170
モアイ像　3
モニタリング　104, 109
　　継続的な——　104
　　定期的な——　106
モニタリングコスト　109
ものをつくる目　182
モリナ（M. Molina）　166
モントリオール議定書　88, 174

や 行

焼畑農耕　5, 50
有鉛ガソリン　53
有害大気汚染物質
　　——の自主削減　111, 113
有害廃棄物の越境移動　166
有機水銀化合物　53
優先取組物質　111
ユニットリスク　30
容器包装　138
　　——の機能　145
　　——リサイクル法　139, 145
溶存酸素　80
予防原則　180
予防措置　180
予防的取組方法　180
予防的な取組み　109

ら～わ

ライフサイクルアセスメント
　　　　　（LCA）　142
ラムサール条約　56, 174
リオ宣言　180
リサイクル（再利用）　134
　　——による影響の波及　161
　　——の意味　134
　　紙の——　141
　　日本における——　136
　　プラスチックの——　146
リサイクル法　136
リスク　28
　　化学物質による——　28
リスク管理のコスト　108
リスク効果を効率化する手法
　　——の開発　185
リスクゼロ
　　——の空気　83
　　——の水　84
リスク低減措置　99
リスクトレードオフ　31
リスク評価　185
　　化学物質の——　31
リスク便益分析　35, 38
リスクランキング　32
　　環境汚染物質の——　32
リターナブルガラス瓶　149
リユース（再使用）　148
　　ペットボトルの——　148
冷蔵庫　144
レスポンシブル・ケア活動　111

老化　22
ローランド（F. S. Rowland）　166
ロンドン条約　173

ワシントン条約　56, 174

第1版 第1刷　2004年3月26日　発行
第3刷　　2010年3月18日　発行

環境科学: 人間と地球の調和をめざして

© 2 0 0 4

編　　集	社団法人 日 本 化 学 会
発 行 者	小 澤 美 奈 子
発　　行	株式会社 東京化学同人

東京都文京区千石 3-36-7（〒112-0011）
電話 03(3946)5311・FAX 03(3946)5316
URL: http://www.tkd-pbl.com/

印　刷　三美印刷株式会社
製　本　三美印刷株式会社

ISBN978-4-8079-0579-9
Printed in Japan

暮らしと環境科学

日本化学会 編

―― 編集委員会 ――
委員長　富永　健
委　員　蟻川芳子　市村禎二郎
　　　　関澤　純　渡辺　正

四六判　208ページ　定価1680円

本書の姉妹書．日本化学会の提案した新しい環境教育のカリキュラムに沿って書かれた非理工系一，二年生対象の教科書である．自然科学分野だけでなく，経済・政策・社会（市民）との関係などからも環境問題をとらえているのが類書にない大きな特色となっている．

価格は 2010 年 3 月現在